斫琴法式

朱慧鹏 著

乾集

知识产权出版社

序

《斫琴法式》一書的成稿，得益於慧鵬有幸結識的多位斫琴名家的悉心指教。

慧鵬隨南北諸位恩師學琴時，喜好研閱古今琴學典籍。通過研習，發現斫琴工藝遠在唐宋就達到了十分精湛的程度，而在斫琴理論方面，唐代《琴記》、宋代《碧落子斫琴法》《僧居月斫琴法》等書，已不同程度地對斫琴工藝進行了描述。而宋代之後，斫琴方面較爲系統的專業書籍卻由於社會、人文等方面的原因，鮮有問世。

由於古代條件所限，斫琴著作多以文字的形式來記錄斫琴過程，這也令我萌生了借用當今科技，用影像技術來記錄斫琴工藝的想法。針對歷代斫琴理論和斫琴發展的現狀，在走訪當代南北方斫琴名家時，發現南北方斫琴方法略有不同，斫琴風格則因地域不同而差別明顯。爲詳盡記錄和展現南北方斫琴特點，本書有幸請到有近六十年斫琴經驗的北方著名斫琴家孫慶堂先生和南方斫琴家陶貴寶先生分别做斫制演示。

與孫慶堂先生相識，承蒙其徒吳振宇先生的引薦。第一次去先生府上拜見，我特意帶了一塊上等的明代杉木琴材請先生代斫，先生見到這塊琴材，很是喜悦，表示要精心制作并要用上等的輔料來與其相配。我見先生如此欣然，對先生的敬佩之情油然而生。當此材成琴後，畫家楊彥先生聞我撫琴，又親筆題寫了他自己的堂號相贈，刻於此琴，取名「度一」。

陶貴寶先生是經恩師廣陵派琴家劉揚先生介紹而相識。恩師家中有一張元代朱致遠斫的仲尼式琴，陶貴寶先生曾照此琴仿制多張。其音古雅清潤，恩師及諸多琴友都甚是喜愛。爲撰本書，特意請陶貴寶先生依元代朱致遠所斫仲尼式琴爲樣板，演示傳統斫琴工藝。

絲弦制作名師潘國輝先生是經恩師吳釗介紹而相識，我撫琴時所用絲弦也爲潘先生提供。在撰寫此書的過程中，我冒昧提出請求，希望先生爲本書做絲弦制作演示，先生爽然應允，并爲本書提供了極爲寶貴的絲弦制作資料。

在詳盡記録諸先生工藝演示的同時，我又查閱并借鑒了古代斫琴理論，吸收了其他斫琴師的斫制經驗，分析提煉後融入本書。

《斫琴法式》一書以圖文并茂的形式在琴式、選材、斫琴工具、斫琴、髹漆、制弦、上弦定音等方面進行了詳細介紹。該書分爲乾、坤二集。

乾集中，琴的構造一節主要通過對伏羲式琴各部名稱的標識，讓大家能夠詳細了解琴的基本構造。琴式部分例舉了各式經典名琴的圖像資料及相關尺寸數據，同時也把我創制的新琴式——「劍式」列入其中。選材部分實地拍攝了不同琴材的圖像資料，并介紹了選擇琴材的注意事項及琴材類别。斫琴工具部分主要介紹各種工具的用途，其中記録了一部分現在大家較少使用的傳統斫琴工具，如武鑽、搜弓子、螃等。斫制伏羲式一節對整個斫制工藝以文配圖的形式進行了詳述。特别是琴槽腹各部分不同厚度的數據，孫慶堂先生也爲本書提供得極爲詳盡。

坤集中，斫制仲尼式部分以元代朱致遠所斫仲尼式琴爲樣本，由陶貴寶先生做斫制演示。該部分詳述了仲尼式的傳統斫制工藝，體現了南方地區有别於北方的傳統斫琴方法。髹漆部分在記録當代琴髹漆的工藝時，發現南北許多琴髹漆的術語與當地語言習慣有很大聯系，不適合用於書面表達。而古代的文獻資料對這方面闡述很少，描述較爲零落，難以統一。對此，我又查閲古今與髹漆相關的書籍，這些書籍中詳細介紹了中國傳統髹漆方法，但與琴髹漆有聯系的知識卻涉獵不多。故而，髹漆部分，我以當代現存的琴傳統髹漆工藝爲基礎，借鑒明代黄成著的《髹飾録》

及現代介紹傳統髹漆方法的相關書籍，重新規整了琴髹漆的工藝程序，幷對琴髹漆的專業術語進行了統一。絲弦制作部分以介紹潘國輝先生的絲弦制作工藝爲主，同時我又根據絲弦品質特性、撫琴手感及琴弦對音質產生的作用，將上好絲弦的特性總結爲「六品」，幷在文中一一表述。上弦法部分主要演示了上弦的程序及上絲弦與鋼弦時的注意事項。定音調弦法部分對傳統和現代兩種不同的定音調弦方法進行詳解，同時也給琴學入門者推薦了簡單易行的方法，以便快速掌握上弦時的定音調弦法。

《斫琴法式》一書是慧鵬拋磚引玉之舉，希望此書的面世，有助於更多的琴學友人投身於中華琴學乃至華夏文明的傳承和發展中來！

庚寅秋朱慧鵬於太極琴堂

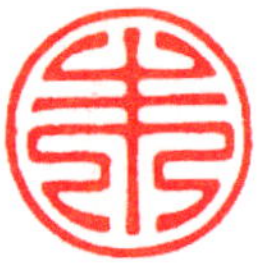

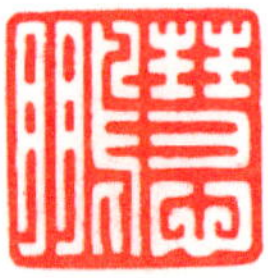

目録

琴的構造

琴側

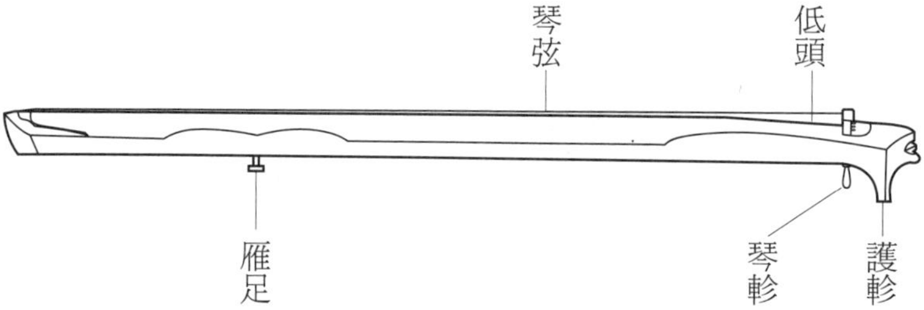

琴面

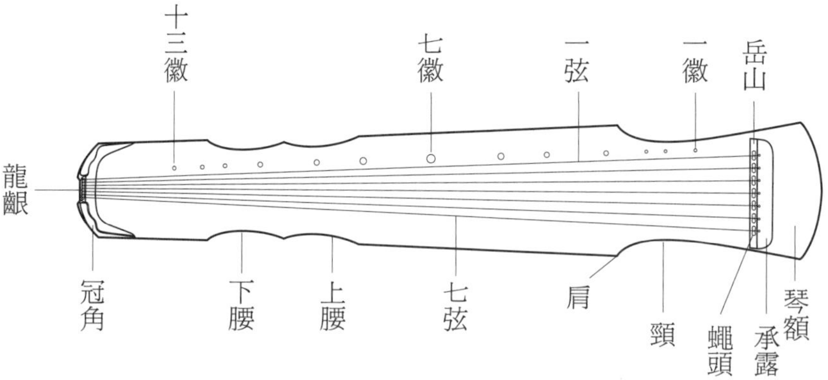

琴腹

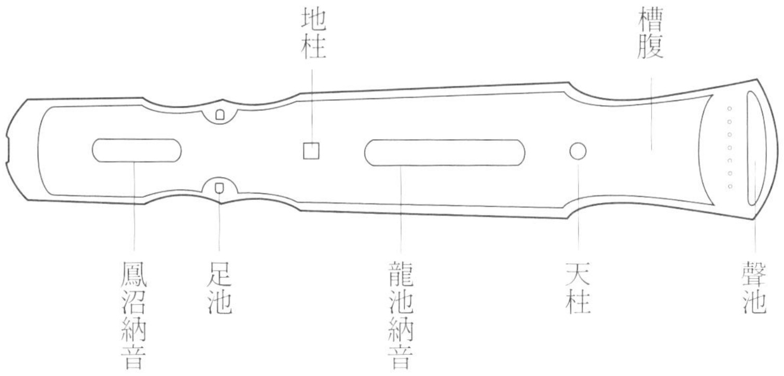

琴底

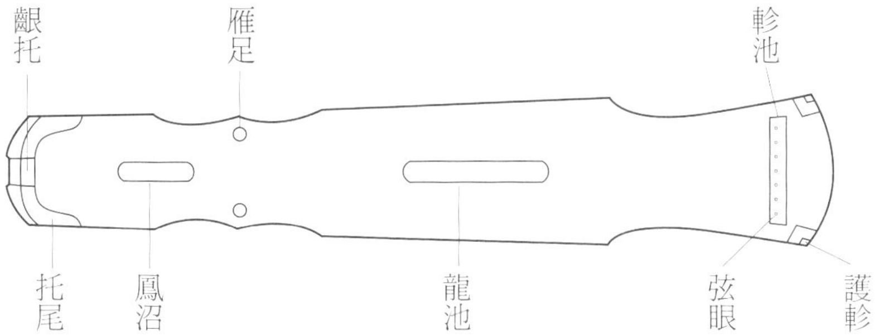

琴頭

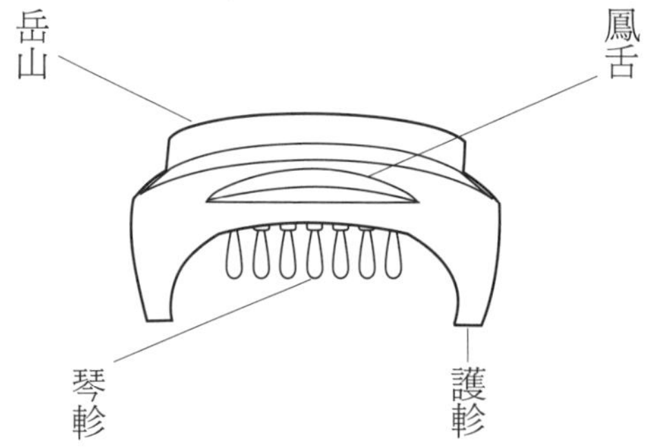

琴尾

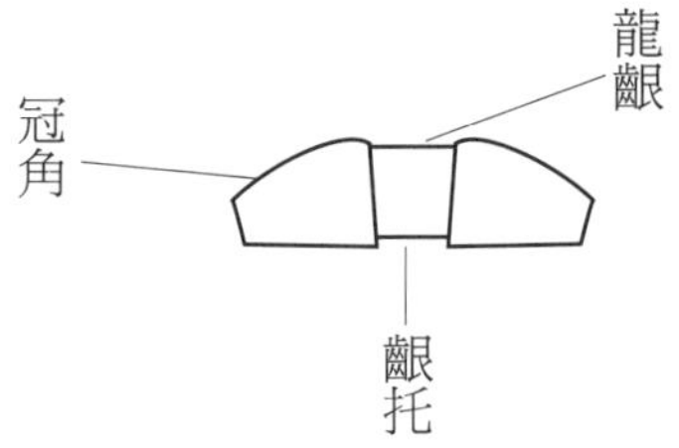

琴式

從古至今，琴式形制各異，相同的琴式因師承、地域、人文及個人喜好的原因也會略有差異，故本書衹例舉常見且經典琴式的相關數據以備斫琴參考。

【一】伏羲式

以唐代伏羲式「九霄環佩」琴爲例。琴身通長一百二十四厘米，有效弦長一百一十四點二厘米，額寬二十一點八厘米，肩寬二十一點二厘米，上腰寬十四點九厘米，下腰寬十四點一厘米，尾寬十五點四厘米，厚五點八厘米。

「九霄環佩」

琴底

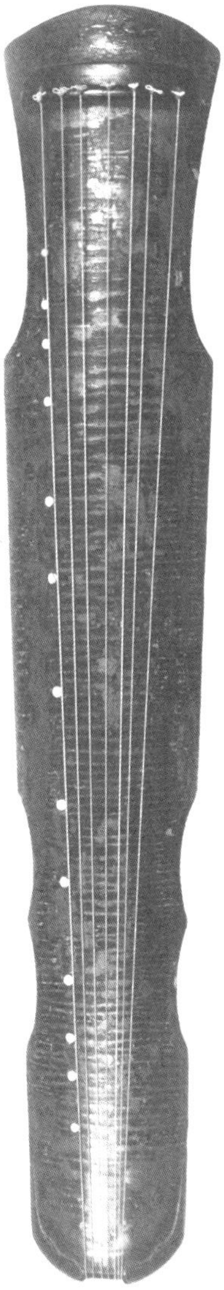

琴面

【二】神農式

以唐代神農式「一池波」琴爲例。琴身通長一百二十四厘米，有效弦長一百一十五點二厘米，肩寬二十二點二厘米，尾寬十七厘米，厚七點六厘米。

「一池波」

琴底

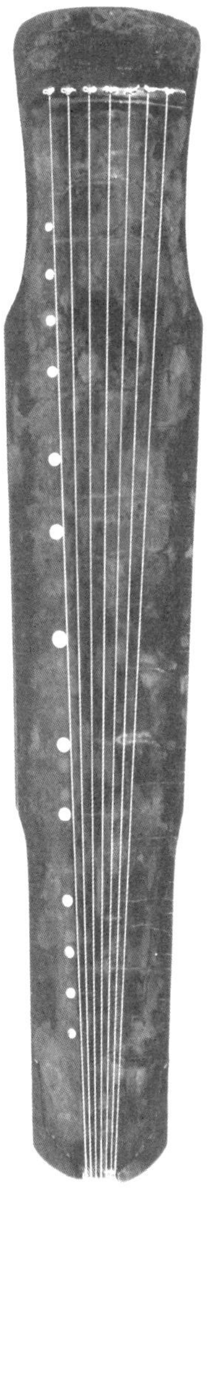

琴面

【三】仲尼式

以宋代仲尼式「海月清輝」琴爲例。琴身通長一百一十七點二厘米，有效弦長一百零九點一厘米，額寬十六點四厘米，肩寬十八厘米，尾寬十二點六厘米，厚五厘米。

「海月清輝」

琴底

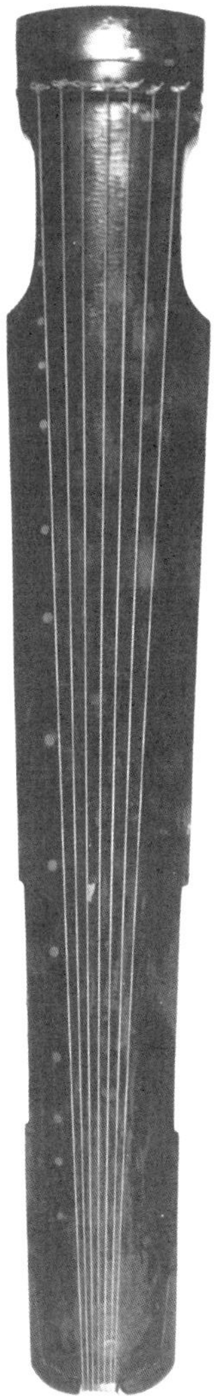

琴面

【四】靈機式

以唐代靈機式「大聖遺音」琴爲例。琴身通長一百二十點三厘米，有效弦長一百一十一厘米，額寬十九點二厘米，肩寬二十點二厘米，腰寬十四點九厘米，尾寬十三點五厘米，厚五點二厘米。

「大聖遺音」

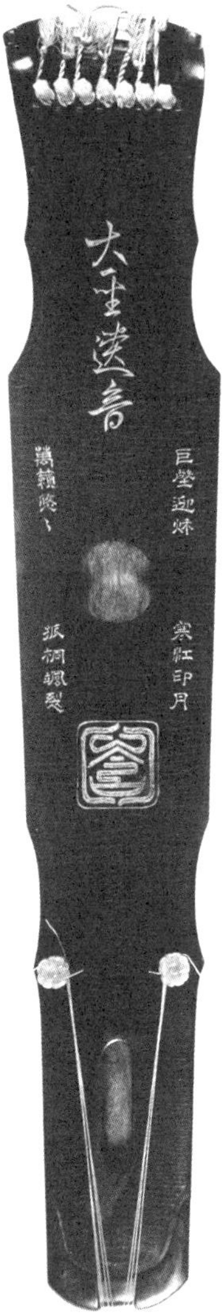

琴底

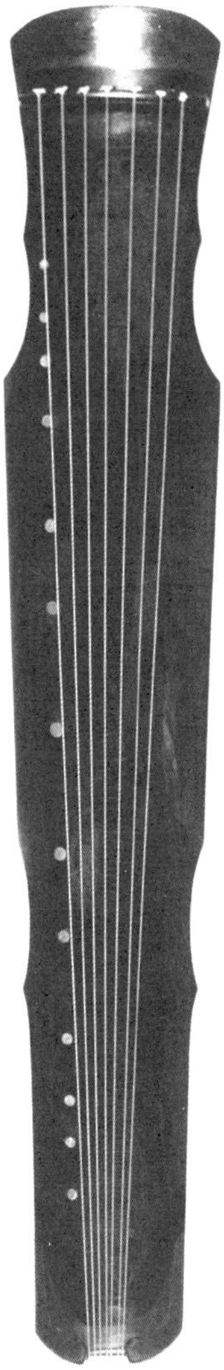

琴面

【五】連珠式

以唐代連珠式「飛泉」琴爲例。琴身通長一百二十一點六厘米，有效弦長一百一十一點八厘米，額寬十八點五厘米，肩寬二十點一厘米，尾寬十四點四厘米，厚五點五厘米。

「飛泉」

琴底

琴面

【六】變體連珠式

以宋代變體連珠式「鳴鳳」琴爲例。琴身通長一百二十六厘米，額寬二十厘米，肩寬二十三厘米，尾寬十六厘米，厚六點三厘米。

「鳴鳳」

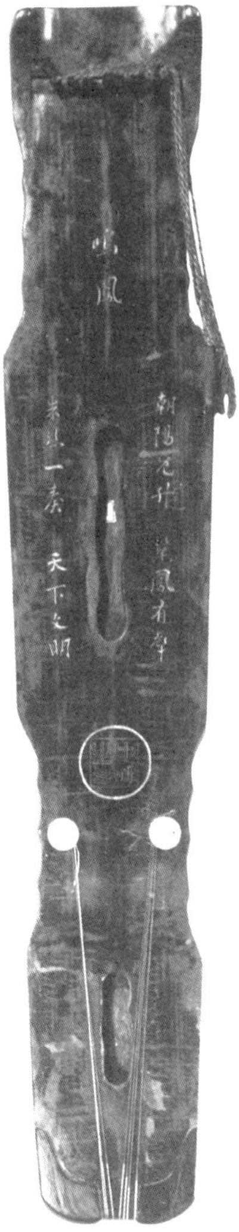

琴底

琴面

【七】蕉葉式

以明代蕉葉式「蕉林聽雨」琴爲例。琴身通長一百二十四點六厘米，有效弦長一百一十三點八厘米，額寬十六點八厘米，琴頭葉莖寬三點一厘米，從葉莖底部到琴頭表面高度爲九點五厘米，四徽處爲琴身最寬，爲十九點二厘米，尾寬十四點四厘米，厚五點一厘米。

「蕉林聽雨」

琴底

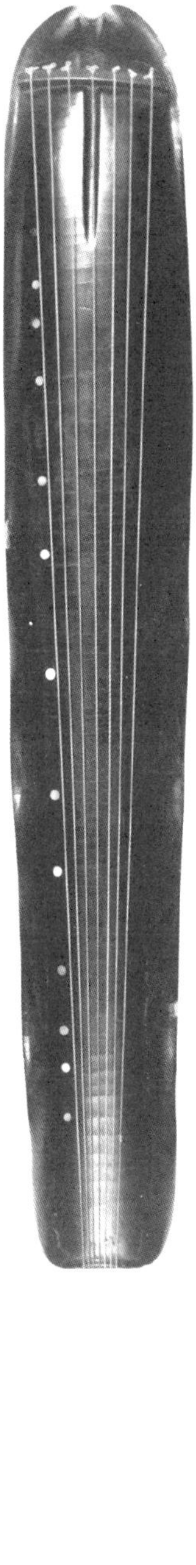

琴面

【八】鳳勢式

以宋代鳳勢式「鬆石間意」琴爲例。琴身通長一百二十六厘米，有效弦長一百一十五厘米，肩寬二十一厘米，尾寬十三厘米，厚四點七厘米。

「鬆石間意」

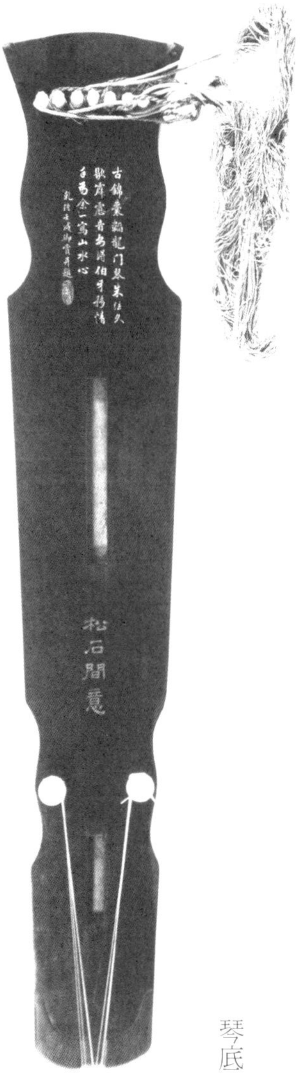

琴底

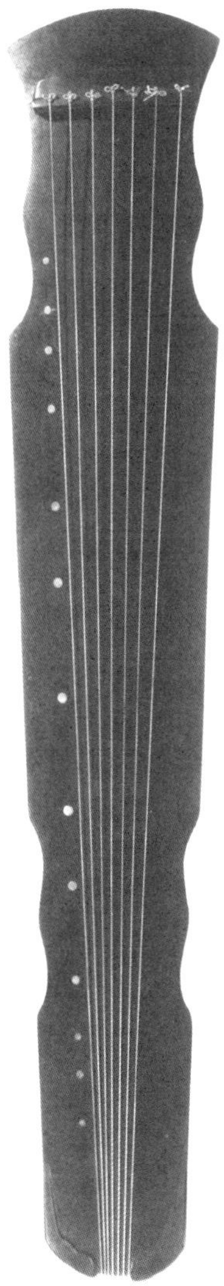

琴面

【九】子期式

以唐款子期式「鬆風自合」琴爲例。琴身通長一百二十五厘米，額寬十六厘米，肩寬十九厘米，尾寬十三點五厘米，厚五點八厘米。

「鬆風自合」

琴底

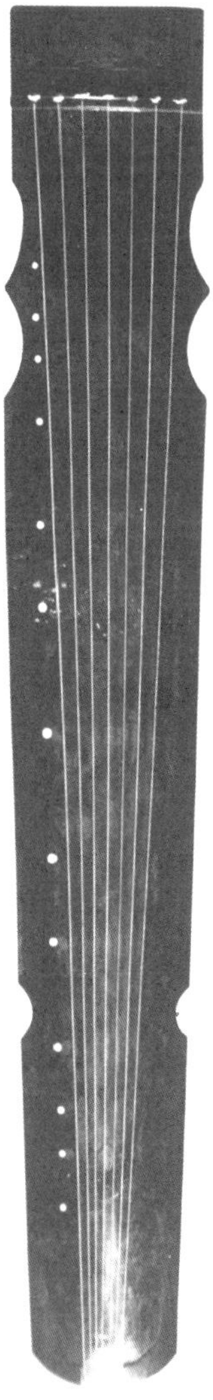

琴面

【十】伶官式

以宋代伶官式「混沌材」琴爲例。琴身通長一百二十三點五厘米，有效弦長一百一十五點三厘米，肩寬十九點二厘米，尾寬十四厘米，厚四點五厘米。

「混沌材」

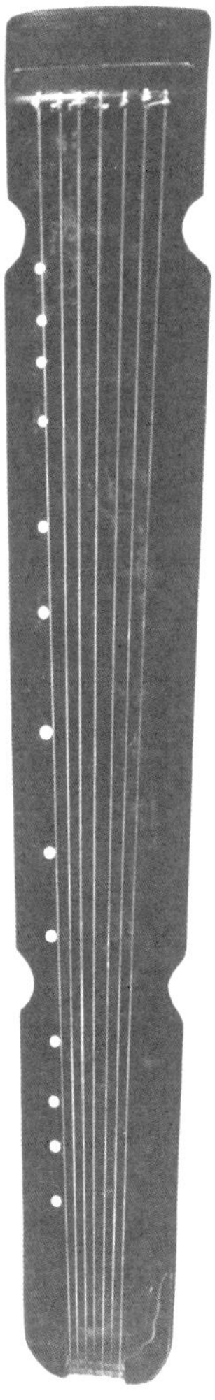

琴面

琴底

【十二】正和式

以明代正和式「仲令」琴爲例。琴身通長一百一十六點二厘米，額寬十七厘米，尾寬十二厘米，厚四點三厘米。

「仲令」

琴底

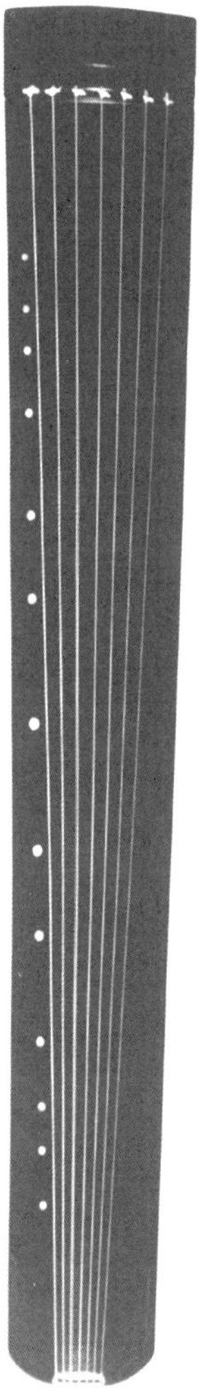

琴面

【十二】師曠式

以唐代師曠式「太古遺音」琴爲例。琴身通長一百二十二厘米，有效弦長一百一十二點六厘米，肩寬二十二點五厘米，尾寬十五點四厘米，厚三點三厘米。

「太古遺音」

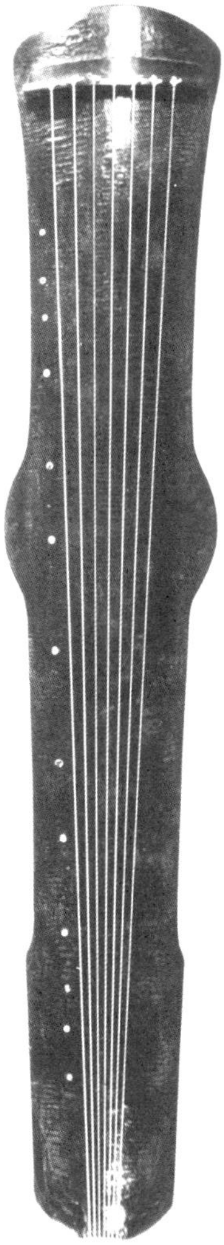

琴面

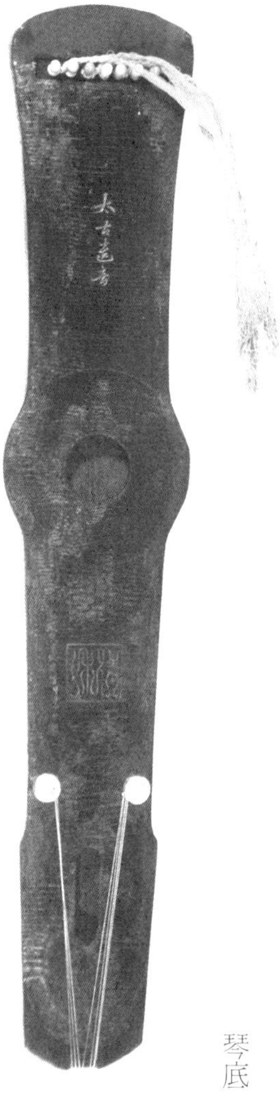

琴底

【十三】鐘離式

明代「鶴鳴秋月」琴形制奇特，傳世琴學書籍中沒有發現有對此種琴式的定名，因此後人將「鶴鳴秋月」定爲琴式名稱，這似乎并不符合琴式的傳統定名習慣。從此琴的主體形狀來看，很像八仙之一漢鐘離所持的扇子，加之琴文化在道家文化中有較深的影響力，所以不排除以鐘離之扇爲形斫琴的可能，因此本書將此琴式暫定名爲鐘離式。

以明代鐘離式「鶴鳴秋月」琴爲例。琴身通長一百二十二厘米，有效弦長一百一十五點二厘米，肩寬二十二厘米，尾寬十五厘米，厚四點五厘米。

「鶴鳴秋月」

琴底

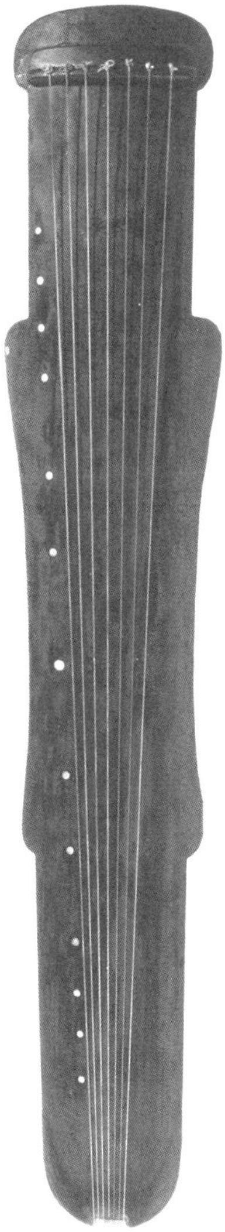
琴面

【十四】列子式

以明代列子式「中和」琴爲例。琴身通長一百二十四厘米，肩寬十九點五厘米，尾寬十四點五厘米。

「中和」

琴底

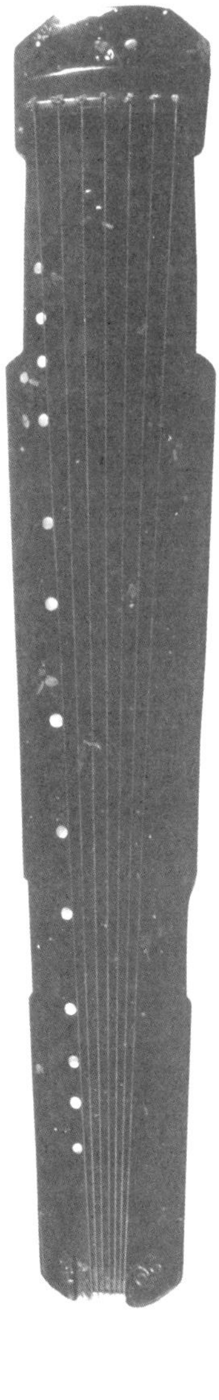
琴面

【十五】落霞式

【一】

以清代落霞式無名琴爲例。琴身通長一百一十八點五厘米，額寬十九厘米，肩寬十七點八厘米，尾寬十五厘米，厚四點四厘米。

「無名琴」

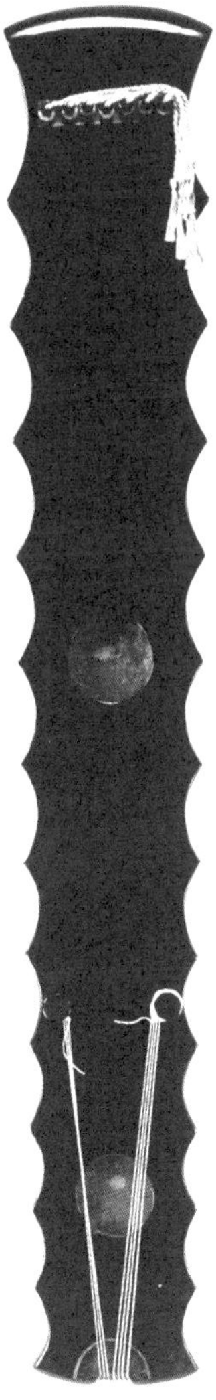
琴底

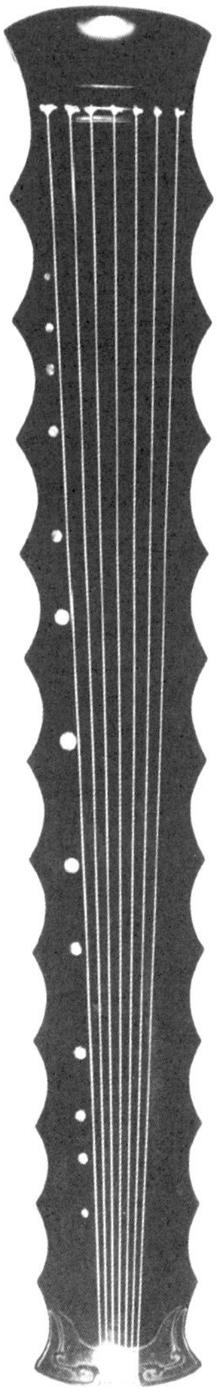
琴面

【二】

以明代落霞式「雲泉」琴爲例。琴身通長一百二十八點五厘米，額寬十四厘米，肩寬十八點五厘米，尾寬十三厘米，厚四點八厘米。

「雲泉」

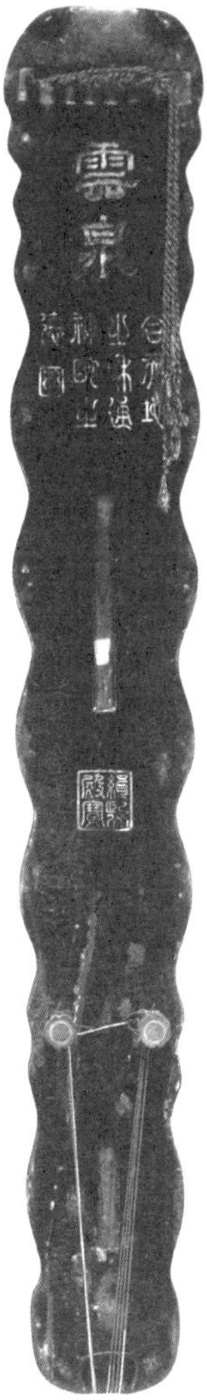

琴底

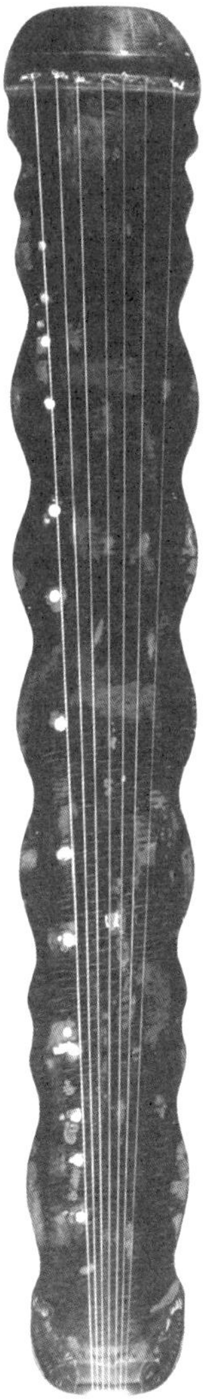

琴面

【三】

以明代落霞式「壑雷」琴爲例。琴身通長一百二十三點五厘米，有效弦長一百一十四點五厘米，肩寬二十一厘米，尾寬十三點五厘米，厚六點三厘米。

「壑雷」

琴底

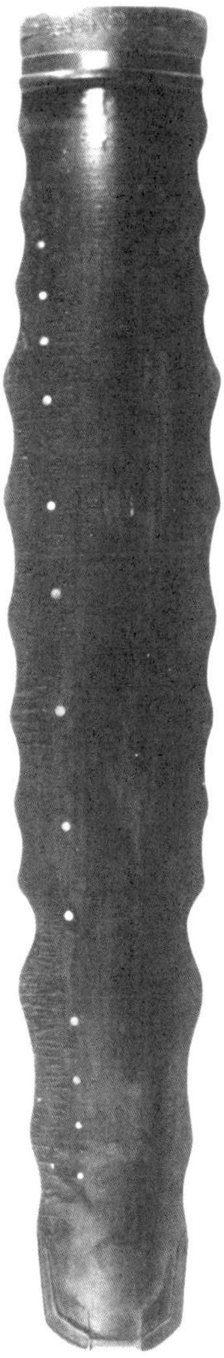

琴面

【十六】綠綺式

以明代綠綺式「鬆濤」琴爲例。琴身通長一百二十三厘米，額寬十六點八厘米，肩寬十九厘米，尾寬十四厘米，厚五厘米。

「鬆濤」

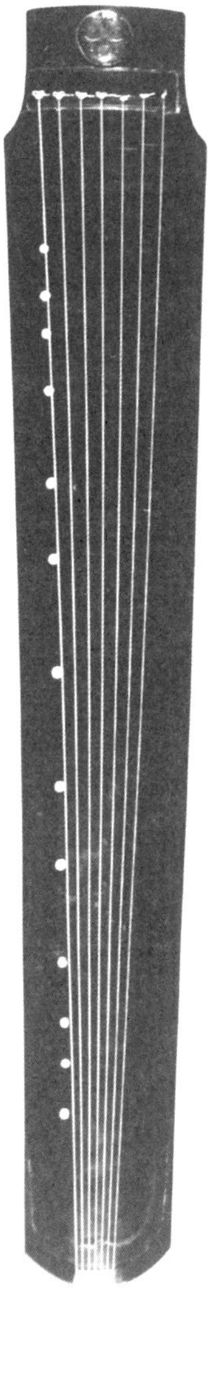

琴面

琴底

【十七】此君式

以清代此君式無名琴爲例。琴身通長一百二十五點五厘米，額寬十六點五厘米，肩寬十九點四厘米，尾寬十二點七厘米，厚五點九厘米。

「無名琴」

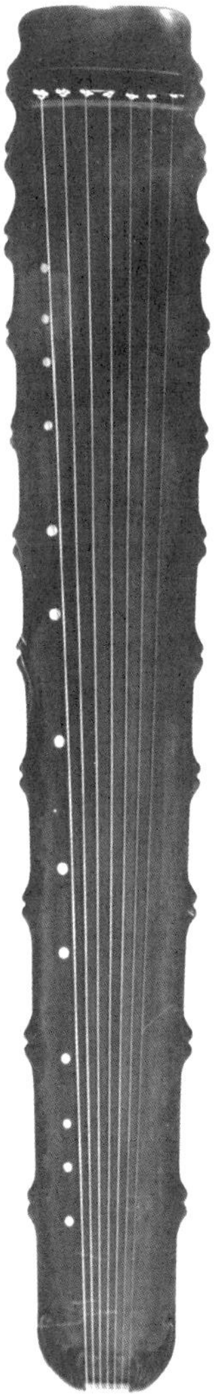

琴面

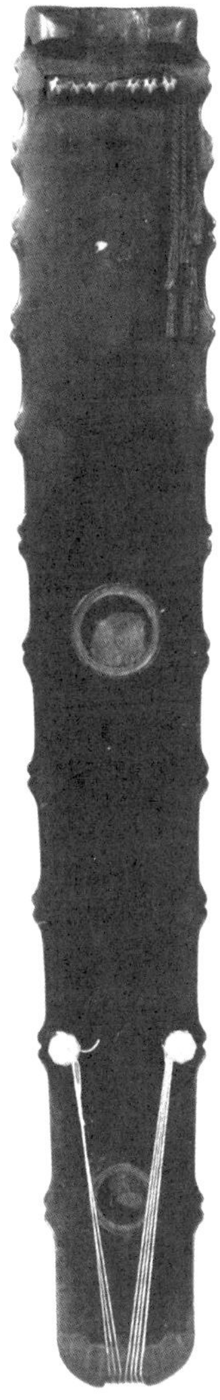

琴底

【十八】劍式

慧鵬依劍式創制此琴以歌正氣，化劍爲琴，劍膽琴心，一張一弛，文武之道。

以劍式之「化劍」琴爲例。琴身通長一百二十一厘米，有效弦長一百一十一厘米，額寬十九厘米，肩寬十九點二厘米，腰寬十八點五厘米，尾寬十五點三厘米，厚五點五厘米。

「化劍」

琴底

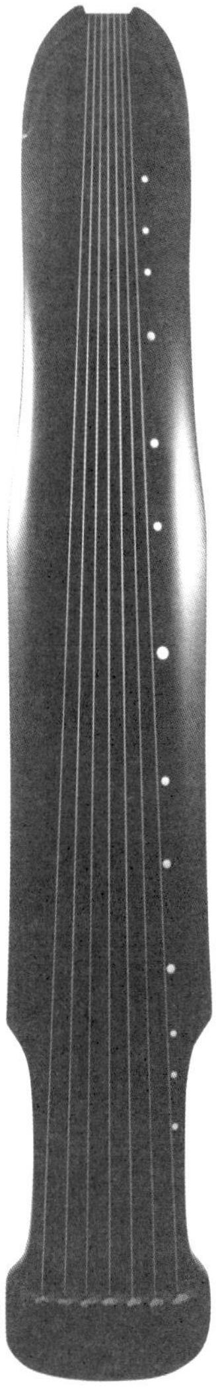

琴面

選材

選材

古今諸多琴家名匠對琴的選材都有豐富精妙的論說。從發音原理上來講，無論什麼樣的材質斫琴都能發音，而且會產生不同的音色。從傳世琴到新斫琴，它們的用材用料都很豐富，甚至傳世琴中有鐵琴、銅琴、石琴。古人對琴材及音韵總結有「四善」和「九德」，所以不管選用何種材質斫琴，都要符合琴的音韵要求。

宋代朱長文在《琴史》中寫道：「琴有四美：一曰良質，二曰善斫，三曰妙指，四曰正心。」可見好的琴材是斫琴的第一要素。

琴以選用古舊而不朽的材料爲佳。一則伐下多年木性盡失，木中所含膠質少，音色鬆透，火氣較小；二則木質穩定不易變形。

面板材料，以木質鬆透材料爲主。傳世之琴，面板多選用梧桐、杉木，此外還有用鬆木、漢木等材質。本書衹對被琴界多數認可的常用面板材料加以介紹。

梧桐，又稱青桐、中國梧桐，木質疏鬆兼有韌性，是斫琴上選材料，古舊梧桐更被視爲斫琴珍品。

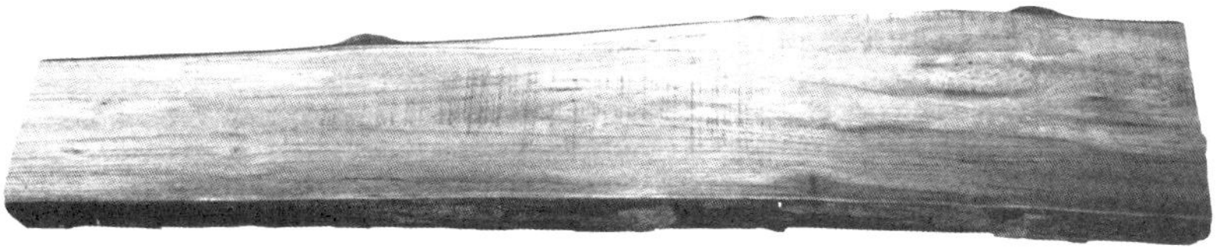

伐下數年的梧桐琴材

杉木，南方多用杉木做梁柱，古舊杉木也多取材於拆遷的明清建築。以木質老而不朽、紋理順直、無疤節且木質較輕、扣擊時聲音堅勁清脆且鬆透幽遠之材爲古舊杉木琴材上品。

古舊杉木梁柱

表面蟲蛀的古舊杉木

鬆木種類繁多，選材以古舊紅鬆爲佳。鬆木自身疤節較多，宜選無疤節或疤節少者。

漢木，即出土的漢代敗棺。因漢代墓葬中多選用杉木、金絲楠木做槨，出土後選用其中不朽的木料用做琴材。在南方選用漢木斫琴較爲常見。

用做琴材的漢木

底板材料的選擇以堅硬脆滑的木質爲佳，如選用鬆軟的材質則琴音易散。古今推崇梓木，但在傳世的琴中也發現有杉木、楸木等其他材料爲底板用材。由於古舊梓木難尋，當今也有選用紅木、硬雜木等硬質木材替代。

在對常用的底板用材進行試驗性斫制的過程中發現，其他木質硬度很高，出音較實，但音色脆滑略欠。惟有梓木，除了木質堅硬以外，制成底板後與其他木質相比，扣擊時聲音脆滑，成琴後音色幽清且餘韵綿長。

梓木底板胚料

琴材選擇還應注意取樹榦的中段爲佳，而中段樹榦以「二膘子」爲上品。所謂「二膘子」就是樹心與樹表皮中間部分。選好琴材後，要仔細觀察其紋理、疤節、裂紋、釘孔等，要因材斫琴、因材來選擇斫制的樣式。

有經驗的斫琴家還會將琴面材半圓年輪紋理的反方向選爲琴面方向，這樣紋路會更加順直。疤節、裂紋、釘孔等不足，能避則避，實在難以避開的則要進行修補。

古舊木材開成琴材毛胚後，要自然陰乾一年，再進行斫制，這樣使木性更加穩定，琴不易變形。

自然陰乾的古舊琴材

選材

古人對於選用新的木料作爲琴材，先是將琴材久浸於活水中，或用熱水慢煮去其膠質，再將其取出，懸挂於竈上整日熏烤或自然陰乾。而現代對於新材的處理，多用烘乾設備進行人工處理。

琴的選材除了選擇面板和底板材料外，還有輔料的選擇。

琴的輔料用以制作岳山、承露、龍齦、冠角、琴軫、雁足等附件。這些材質也多根據斫琴和撫琴者的喜好來選擇，但材質一定要堅硬，如硬木類的紫檀、花梨、酸枝、烏木等等。傳世琴中多用名貴的紫檀來制做附件，紫檀又分爲小葉紫檀和大葉紫檀，其中以小葉紫檀爲上選。琴徽一般由玉、翡翠、黄金、象牙、螺鈿等制成。用黄金制成琴徽，用玉制成琴軫，稱之爲「金徽玉軫」。

斫琴工具

【一】斧子

用於斫制琴面和槽腹的大致形狀。

【二】木鋸

用於琴形和附件形狀的制作。

木鋸

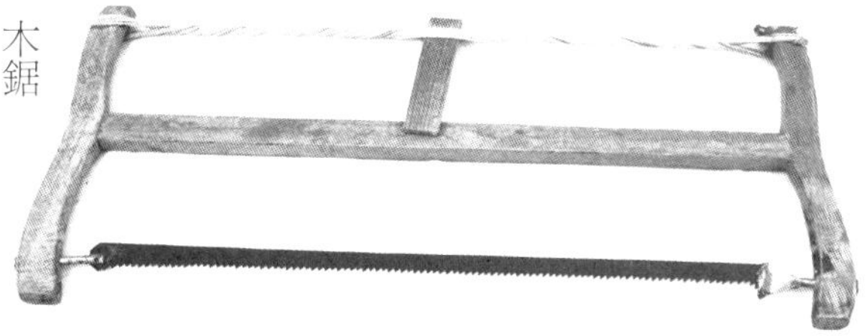

凹鋸

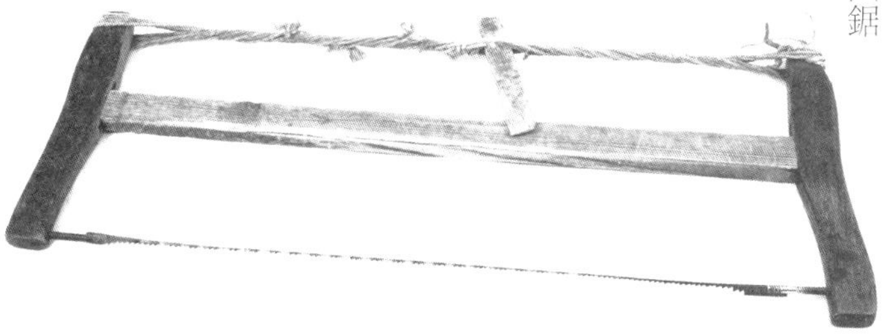

凹鋸則是在遇到彎度時使用。

【三】搜弓子

主要用於琴底板龍池、鳳沼的制作。

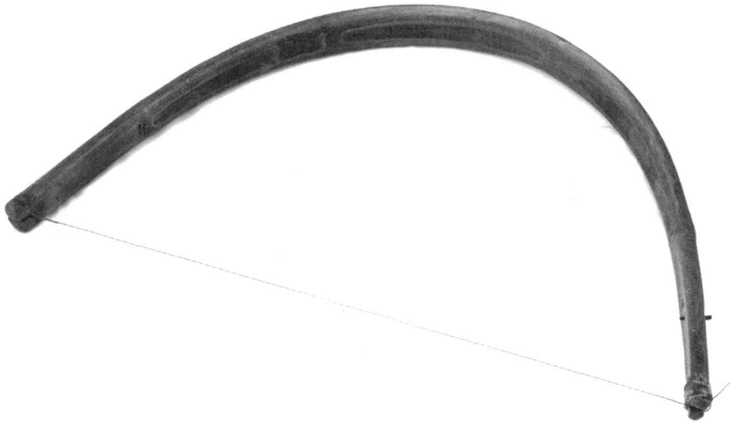

【四】平鑿

主要用於琴體的修整和制作附件的嵌槽。

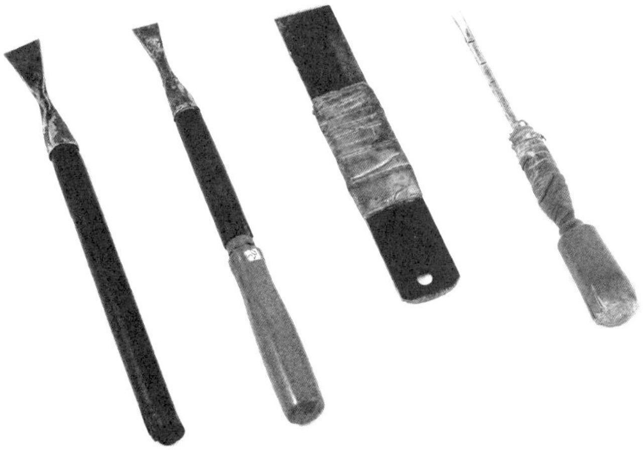

【五】圓鑿

挖制琴槽腹的主要工具。

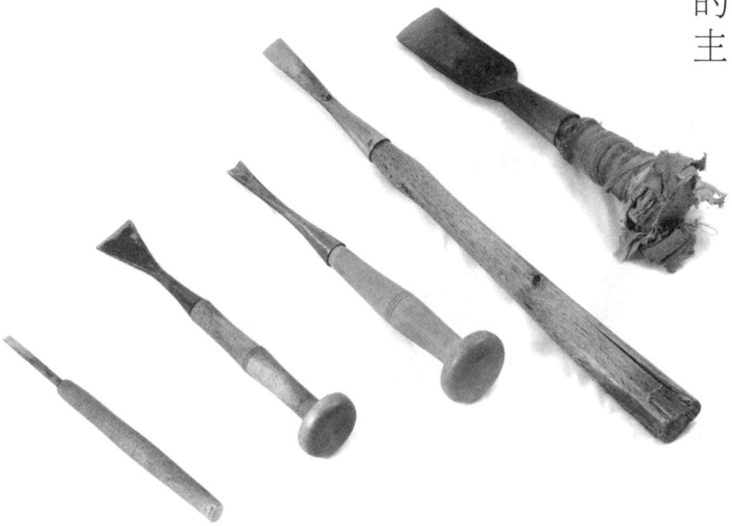

【六】刨子

大刨主要用於琴面和底板的推平；其他的刨子則主要用於琴槽腹和附件的制作。

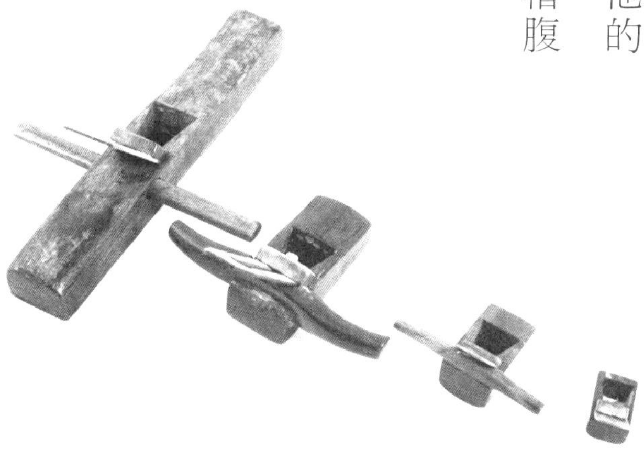

除此之外，斫琴時還會在琴頭或尾部其他刨子不方便使用時用上鳥刨。

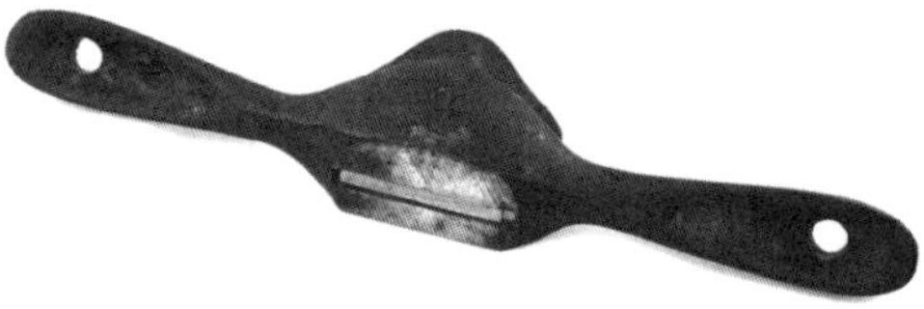

鐵制鳥刨

木制鳥刨

【七】 銼子

主要用於附件的製作和合琴後琴形的修整。

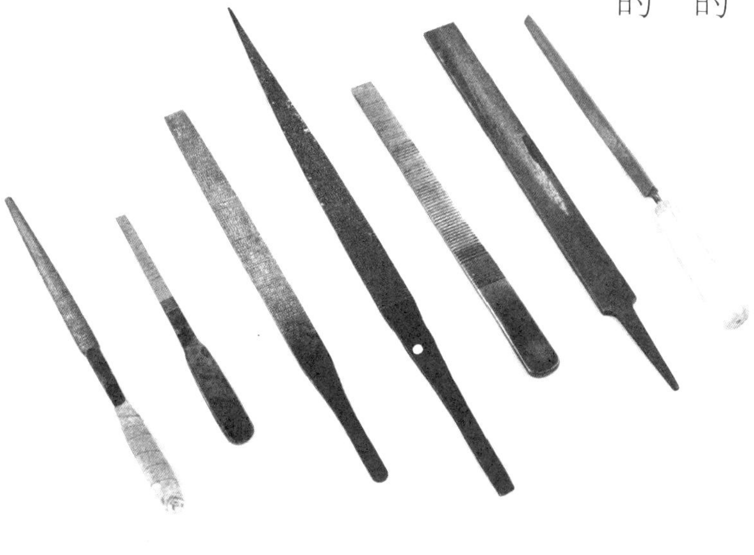

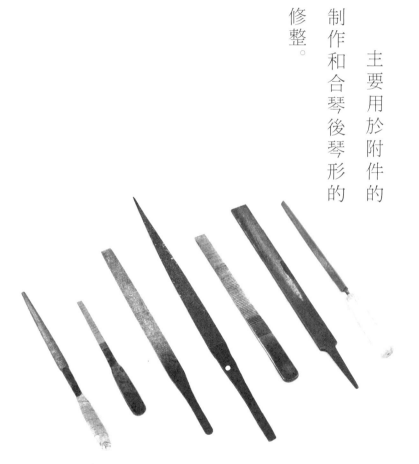

【八】錘子

斫琴時的輔助工具。

【九】卡尺

用於測量琴面和底板的厚度。

【十】墨斗

在琴體標畫長直綫時使用。

【十二】樣板

用於琴樣式的制作。每一種琴式所用樣板均不相同，樣板是根據琴式的底板形狀制作而成。

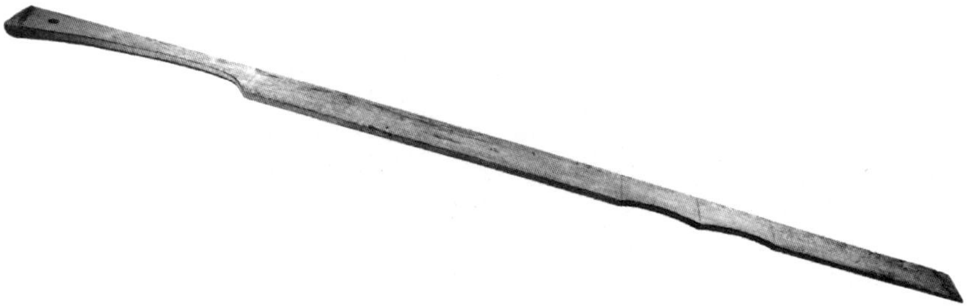

【十二】木枕頭

斫琴時用於墊高幷保持穩定。

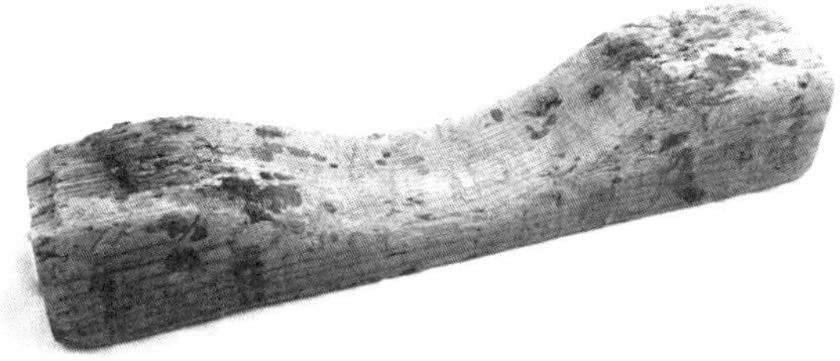

【十三】木楔子

主要用於合琴時與繩子合用，使琴體粘合得更加嚴密。

【十四】繩團

合琴時使用的繩子。

【十五】螃

主要用於堅硬附件表面的初步打磨。

【十六】 整刀

用於清除螃上刀刃的雜質，使其更鋒利平整。

【十七】 刀鋸

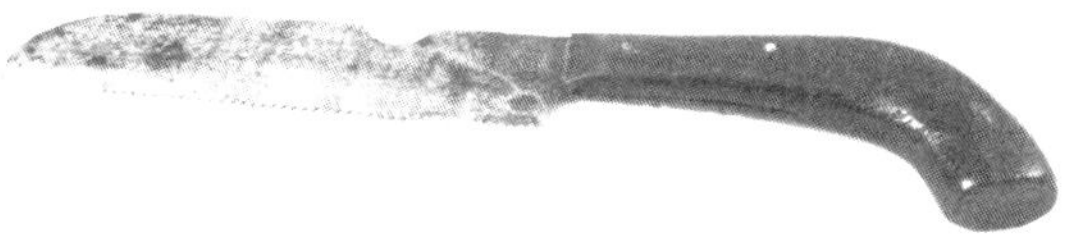

主要用於修補琴面裂紋。

【十八】試音架

用於琴的試音。

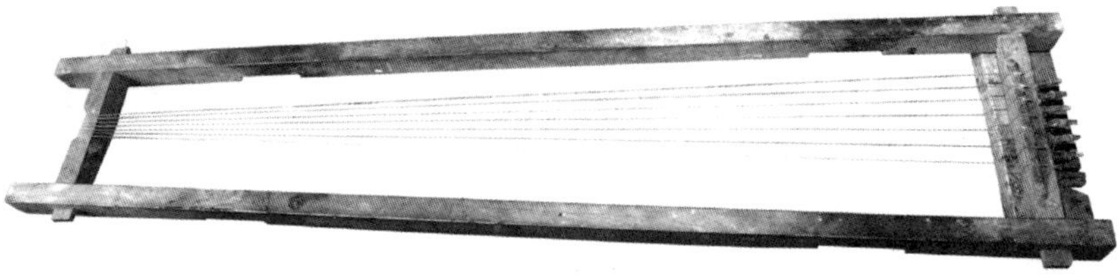

【十九】武鑽

傳統的鑽孔工具。

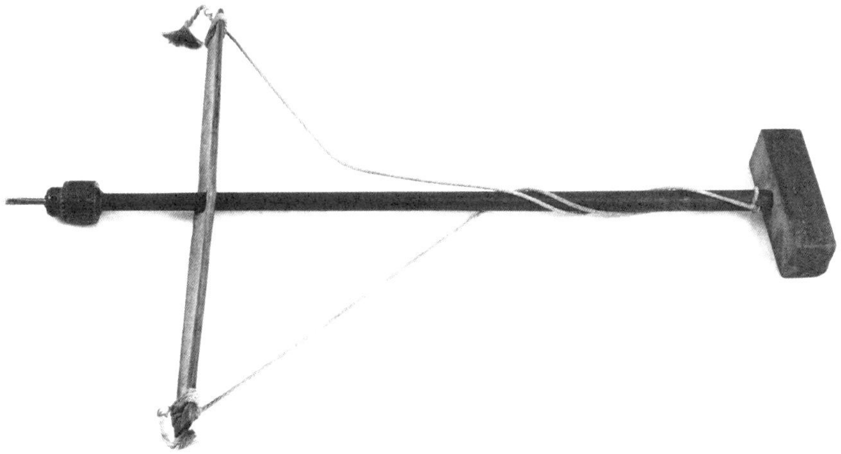

【二十】鑽頭

主要用於鑽制弦眼、琴徽和琴徽嵌槽。

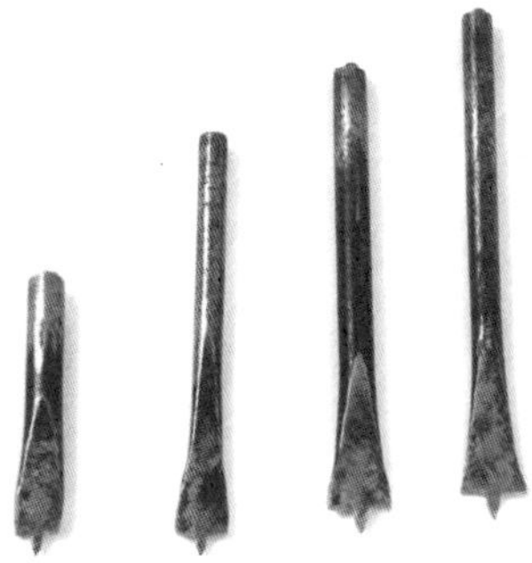

手工制作的傳統鑽頭

空心鑽頭

麻花鑽頭

【二十一】過濾器

用於過濾大漆。

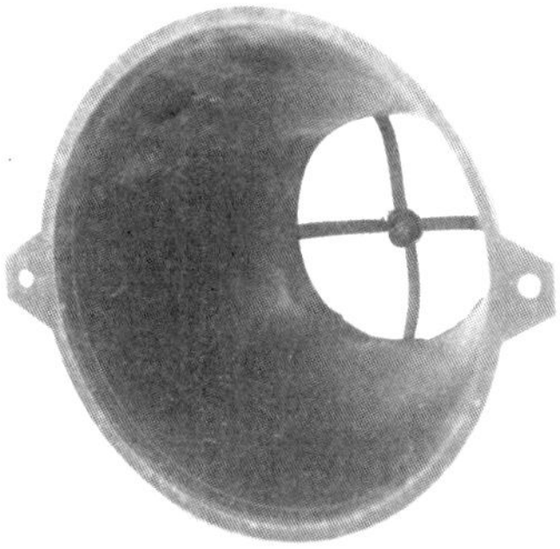

【二十二】篩籮

用於篩濾鹿角霜。

【二十三】刮刀

主要用於琴髹漆中的布漆、垸漆等工序。

【二十四】真絲棉團

糙漆時擦生漆的工具。

【二十五】刷子

糙漆時刷推光漆的工具。

【二十六】砂紙

主要在琴槽腹磨平和髹漆過程中使用。使用時宜將砂紙包在方形或圓形木塊上，以便於打磨。

斫制伏羲式

由於個人喜好的不同，相同琴式的尺寸大小也會略有不同。本書伏羲式的尺寸數據以孫慶堂先生所斫爲準。

【斫制琴面】

【一】

伏羲式琴面的選材通常長應不低於一百一十二厘米；距頭部約三十厘米，也就是琴肩的位置爲伏羲式最寬部位，寬應在二十三厘米以下。尾部寬約十六厘米，厚度在四點五至五點五厘米之間。

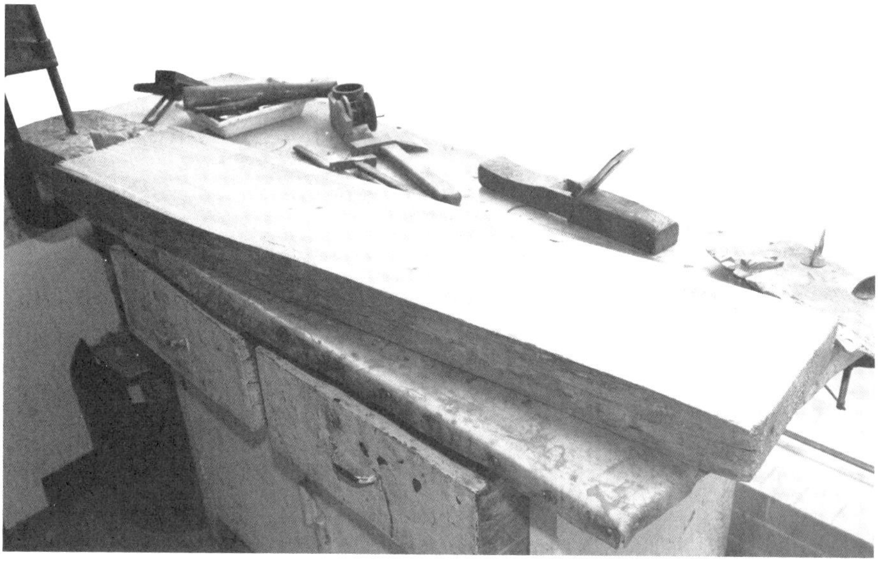

【二】

在琴材上標出肩部與尾部的寬度。肩部約爲二十一厘米，尾部約爲十六厘米。

圖一

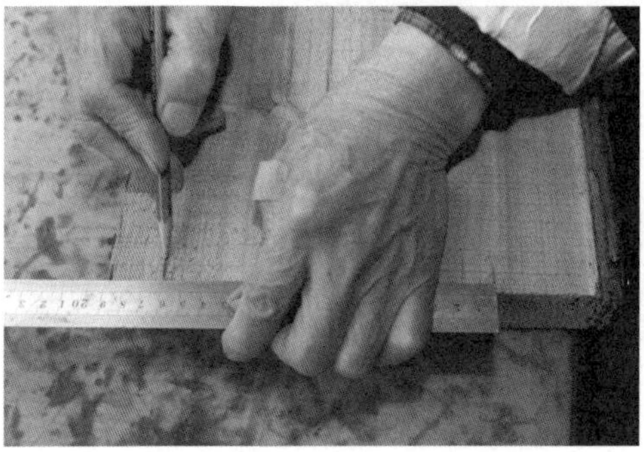

圖二

【三】

用木鋸在已標好的位置上，鋸出一個淺槽固定墨鬥綫頭，然後用墨鬥打出綫。

圖一

圖二

【四】

用木鋸沿打好的綫鋸開琴材。

【五】

將鋸好的琴材放在操作臺上，用尺子量出板材的中綫位置，然後用墨鬥打出綫。

【六】 將伏羲式樣板貼在兩側的邊綫上，用筆沿樣板邊沿畫出伏羲式的輪廓。

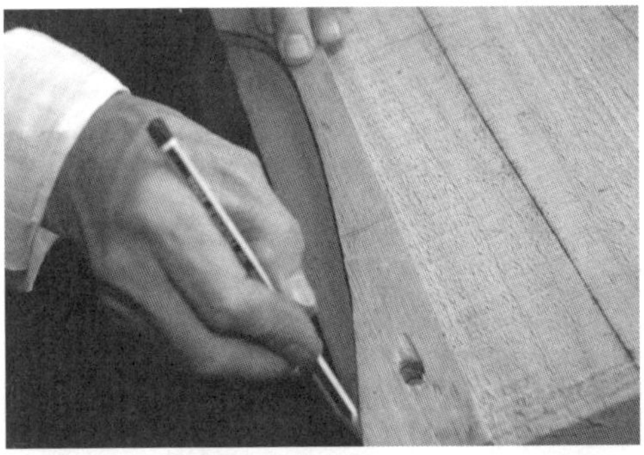
圖一

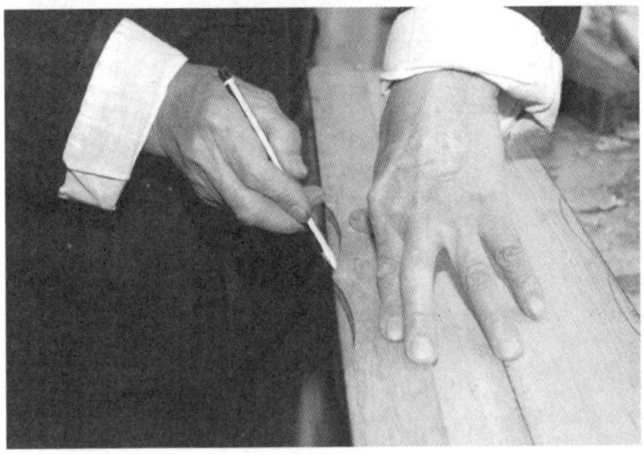
圖二

【七】

用凹鋸沿畫好的輪廓綫鋸出伏羲式初步形狀。

【八】

選擇好琴面朝向，再用斧子斫出琴面的大致弧度。

圖一

圖二

【九】

琴肩部至琴頭要預先斫出低頭的坡度。低頭的位置通常位於距琴頭約三十厘米處，坡度易緩不易過低。

【十】

用刨子從琴頭至低頭處沿大致弧度刨平，通常從低頭處至琴頭應逐漸低約一點五厘米厚度。

【十一】從低頭處開始，用刨子向琴尾部刨出大致弧度。

【十二】

琴面的弧度從古至今多由斫制者和撫琴者的喜好來定，通常要弧度適中。弧度過大或過平會對琴的音質產生影響，也會影響到撫琴時的手感。爲了能斫制出讓自已滿意的弧度，可先選用薄的板材，參照古代傳承下來的名琴和當代手感和音質好的琴，按照它們的弧度做出一個樣板。樣板取樣通常取琴面肩部與尾部的弧度。在斫琴的過程中要不斷的用弧度樣板來修正所斫琴的弧度，這樣才能斫制出自己手感滿意的琴。

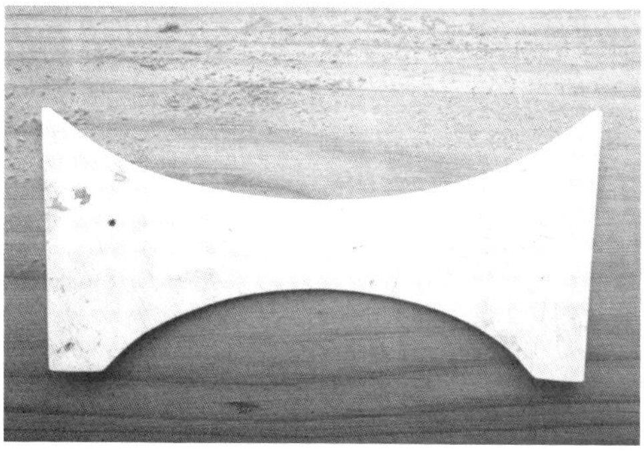

圖一 弧度樣板

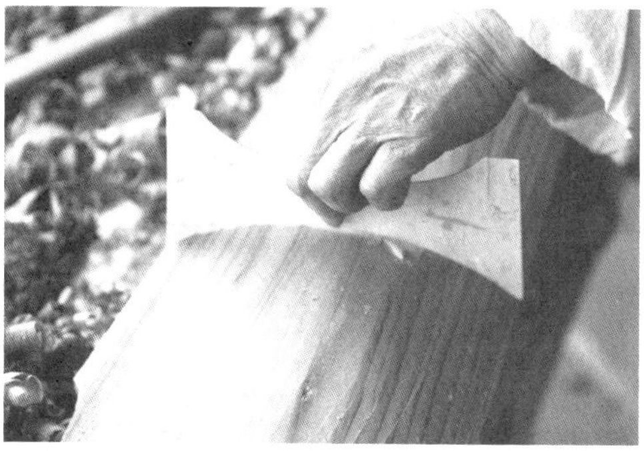

圖二 檢查琴面弧度

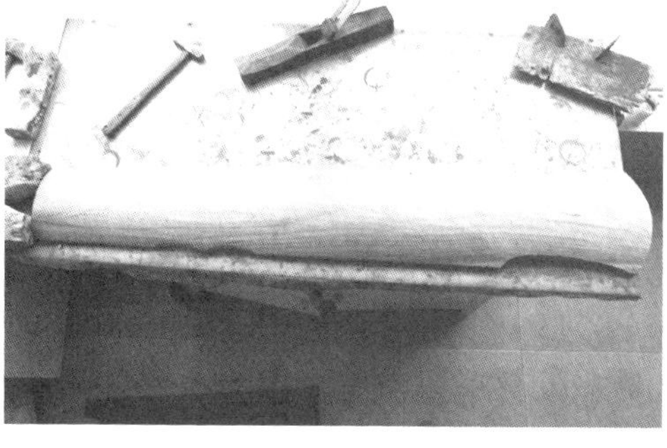

圖三 大致斫好的琴面弧度

【十三】

在距面板底部兩側各二厘米處，用墨鬥打出兩條綫，用來確定琴型的對稱。

【十四】

用尖銼沿伏羲式樣板畫出的綫細修琴的輪廓，以兩側對稱爲最佳。

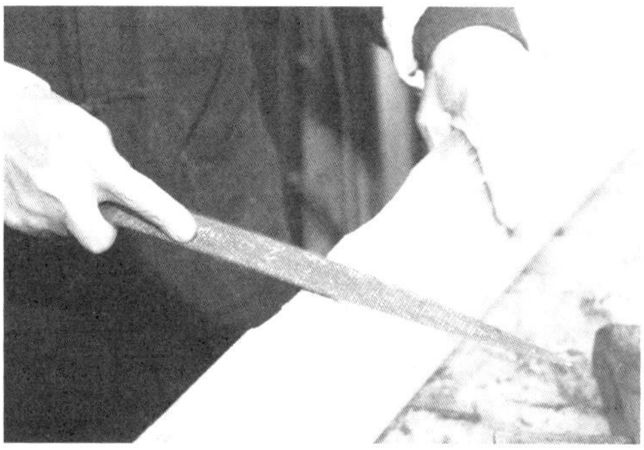
圖一

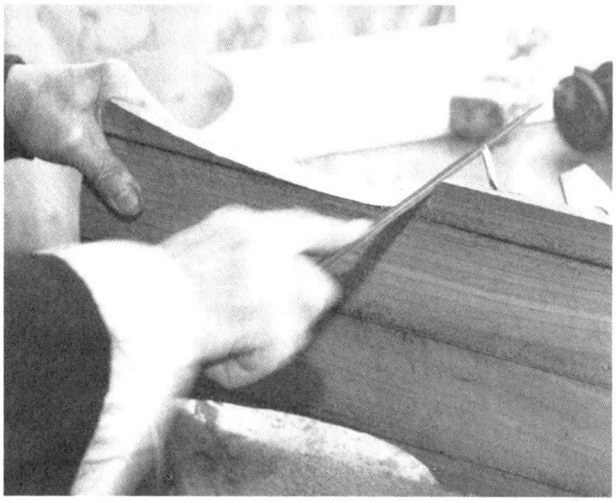
圖二

【十五】修整好的琴頭部寬約爲二十一點五厘米。

【十六】

頸部寬約爲十六厘米。

【十七】肩部寬約爲二十一厘米。

【十八】

上腰部寬約爲十六厘米，下腰寬約爲十五厘米。通常上下相差一厘米。

圖一

圖二

【十九】尾部約爲十五點五厘米。

【二十】

用筆依次畫出聲池、軫池、岳山的位置。岳山綫距離琴頭部九厘米。

【二十一】 軫池綫至岳山綫四厘米。

【二十二】

聲池的弧形邊綫距琴頭約一厘米。

【二十三】、岳山綫邊的弧形綫主要用於確定挖制琴膛的位置。

【二十四】

在琴肩部畫出直綫來確定肩部對稱。

【二十五】

確定龍池納音的位置。龍池納音的中心通常是整個琴的重心，距肩綫約十五厘米。

【二十六】

整個龍池納音的長度通常爲二十厘米，寬度通常爲四厘米。在挖制琴膛時要多預留出一定的寬度，以便進行細修。

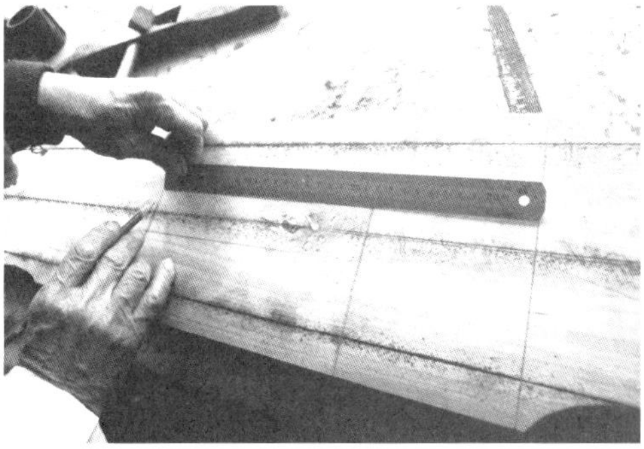

圖一

圖二

【二十七】在琴上腰部畫出直綫來確定腰部對稱。

【二十八】

確定雁足的位置。在兩腰之間凸起部畫出中心綫，再在該綫兩側各七點五毫米處，畫出雁足的寬度綫。距兩腰之間凸起部二點五厘米爲雁足中心點，然後沿中心點畫出梯形，高約一點五厘米。

圖一

圖二

【二十九】

用鑽在雁足中心點鑽出約一點五厘米深度的鑽孔，以便以後安裝雁足。

圖一

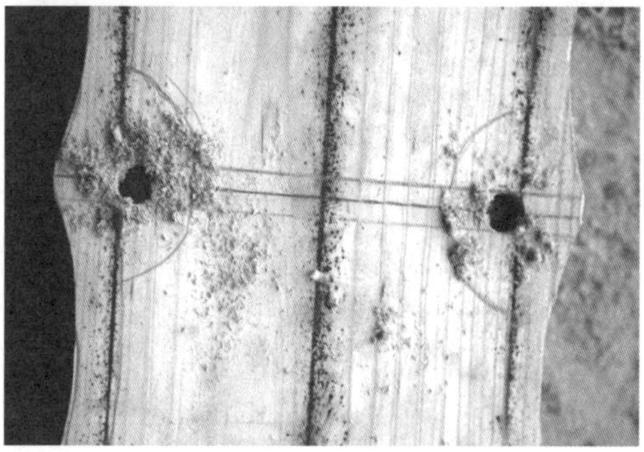

圖二

【三十】

畫出下腰部的直綫。距雁足綫約爲十厘米，此綫也爲鳳沼納音的上部綫。

【三十一】

鳳沼納音的下部綫與上部的距離爲十厘米。鳳沼納音的寬度與龍池納音相同，在此地也一樣多預留出一定的寬度。

【三十二】

距琴尾四厘米處爲中心點畫出弧形綫，用來確定向內挖制琴膛的位置。

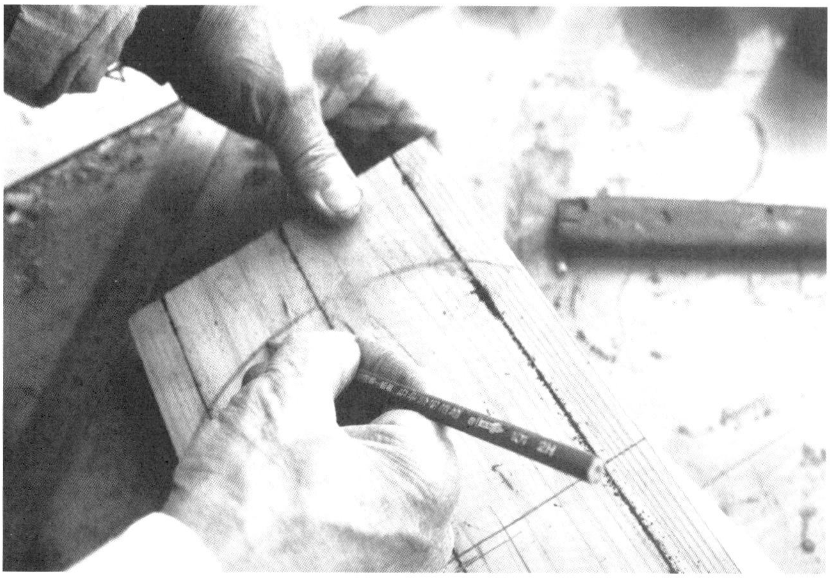

【三十三】

在距琴兩側邊沿約一厘米處沿琴輪廓畫綫，與已畫好的琴頭與琴尾兩條弧綫對接，此綫以內爲琴膛挖制部分。

圖一

圖二

【三十四】

挖制琴膛前畫好的各種位置綫。

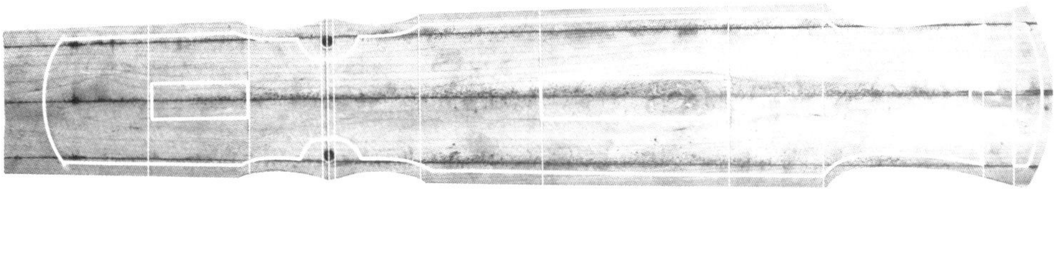

【三十五】

用圓鑿沿琴頭弧綫先鑿出淺槽綫，防止斫制時鑿過綫。

【三十六】

用圓鑿宜由淺漸深，邊鑿邊用板鑿沿兩側邊綫深刻，防止鑿過綫。

圖一

圖二

【三十七】

用小圓鑿沿兩側已畫好掏制琴膛的邊綫，鑿出淺槽綫。

【三十八】

用圓鑿沿上下兩個納音的邊綫淺鑿，以防在深鑿時對納音產生破壞。

【三十九】沿琴尾部弧綫淺鑿。

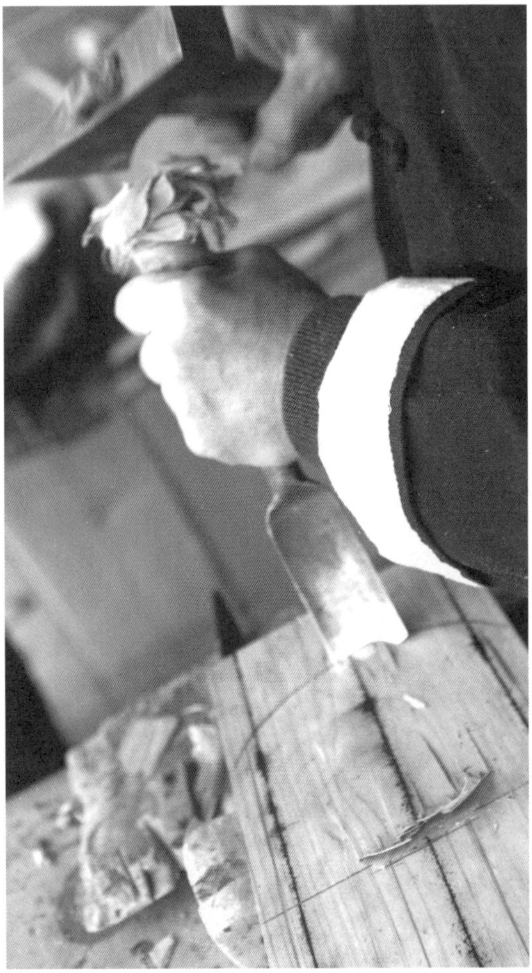

【四十】

用圓鑿沿聲池邊綫淺鑿，之後用小圓鑿逐步深鑿聲池。

圖一

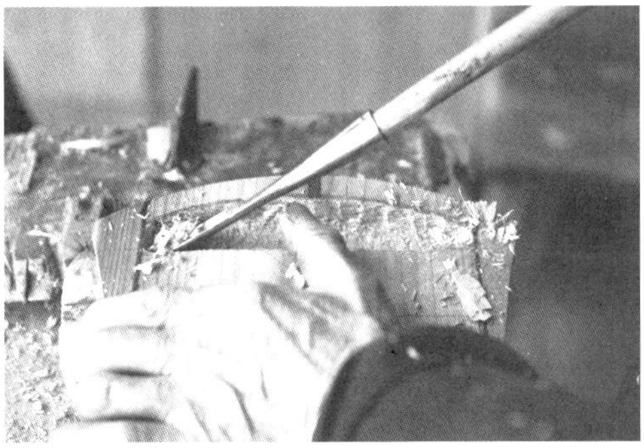

圖二

【四十一】

聲池底部至琴面的厚度通常爲一點五厘米。在鑿制過程中，要邊用卡尺量厚度，邊用小圓鑿修定，以確保聲池深度的準確。

圖一

圖二

【四十二】

用小圓鑿鑿制琴肩部琴膛，距琴膛上部弧形邊沿四厘米及距琴頭兩側邊沿約一點五厘米處，琴面厚度約爲一厘米。

琴面的厚度依琴材質而定。通常梧桐琴面材質比杉木琴面要鬆軟，在斫制過程中，琴面厚度要留得相對厚些。相同材質的琴面也會因爲生長環境、選材位置、年代老化程度等原因軟硬度不一樣，所以在斫琴過程中琴面厚度也要因材而定。

圖一

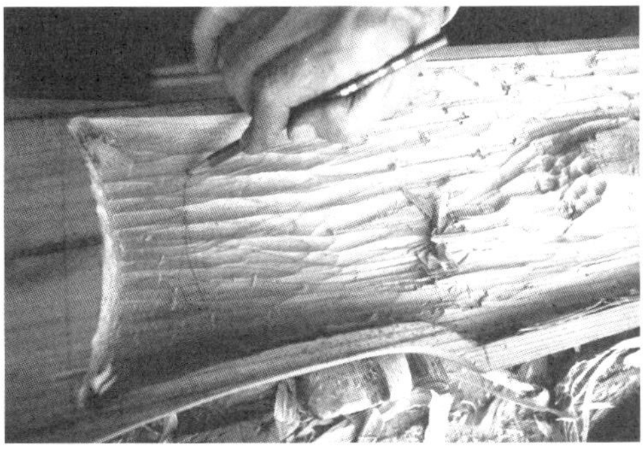
圖二

【四十三】

從琴膛上部弧形邊綫和兩側琴面厚度的一厘米處至龍池納音上部，琴面厚度如圓鍋形漸徐至三厘米。挖制時，先用平鑿由淺及深鑿出大致坡度，然後用小刨子沿坡度平刨。

圖一

圖二

【四十四】用小圓鑿對納音周圍進行淺鑿。

【四十五】用長刨將龍池納音向下刨去約一厘米。

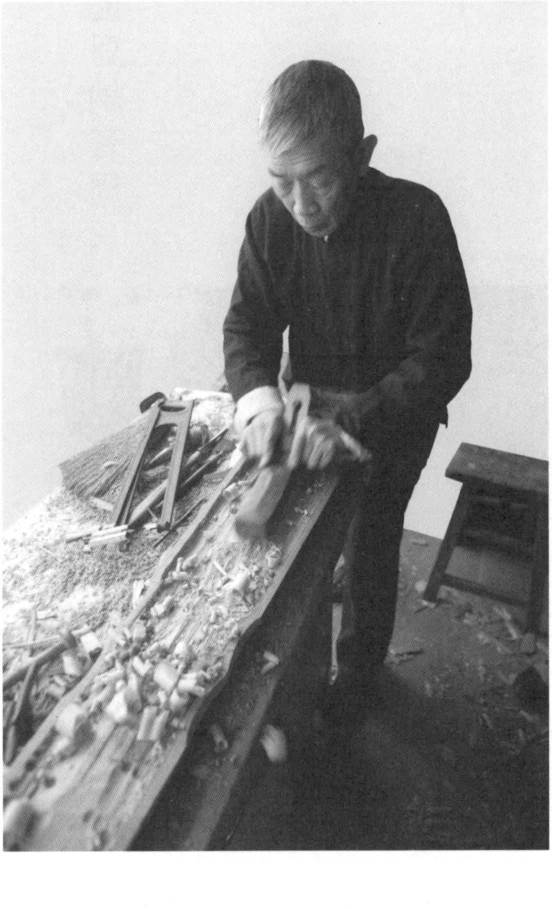

【四十六】

用墨鬥再次確定琴的中綫，以保持兩個納音的中正，并再次用筆畫出納音的寬度。

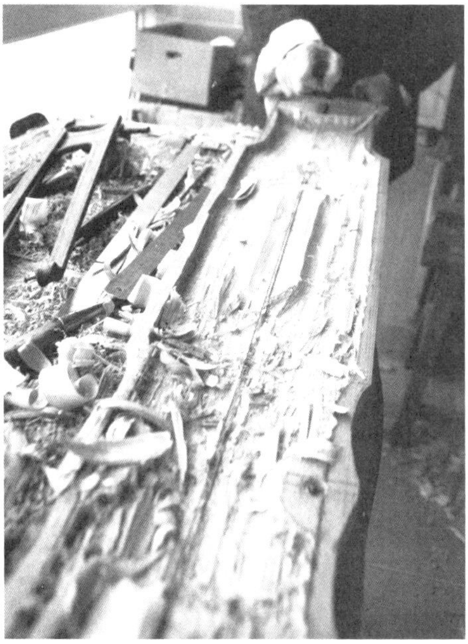

圖一

圖二

【四十七】

用小圓刨和小圓鑿對龍池和鳳沼納音周圍進行修整，以便下一步進行細修。

圖一

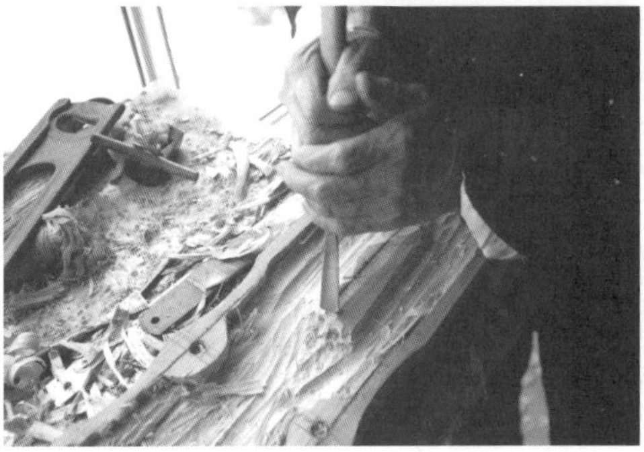

圖二

【四十八】

從鳳沼納音的下部至琴尾，用小圓鑿按照二點五厘米至一厘米的琴面厚度沿圓鍋形深鑿。

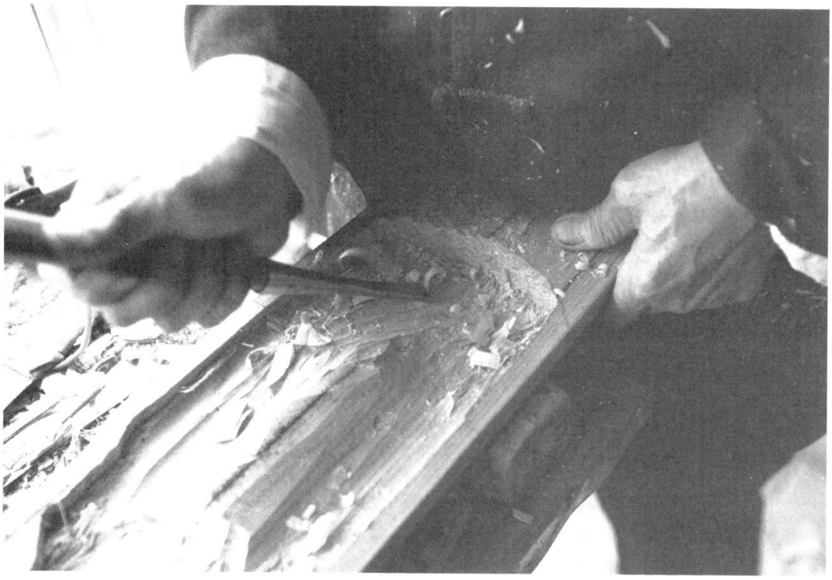

【四十九】

用小圓鑿鑿薄鳳沼納音，幷用小刨子對周圍進行修整。

圖一 鑿薄鳳沼納音

圖二 修整

【五十】

琴膛初步挖制好後，用砂紙將琴膛內打磨平整。

圖一

圖二

【五十一】

用圓鑿沿琴面兩邊內側鏟出均勻淺凹槽，然後用砂紙打磨平整。

圖一

圖二

【五十二】

用與琴面材質一致的木塊，制出直徑爲一厘米的圓形天柱和邊長爲一厘米的方形地柱。天、地柱的高度要高出琴底約一毫米，以便合琴後能緊密聯接琴面與琴底。天地兩柱并非虛設，不設兩柱者，琴的音量大但音韵較短，設兩柱者音量中正且音韵幽長。

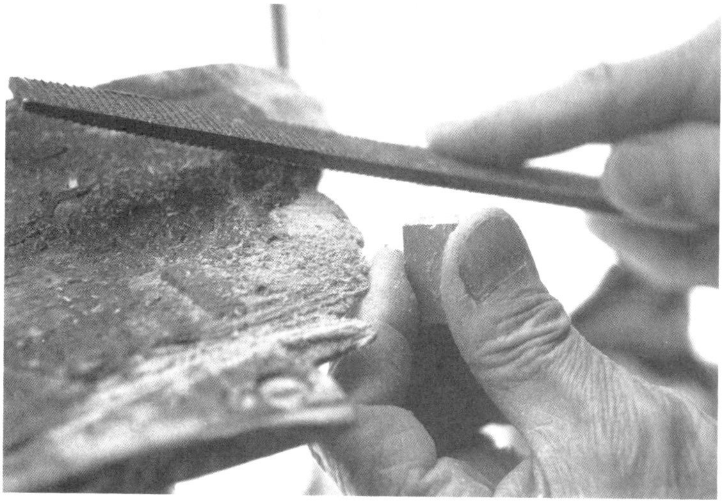

【五十三】

天柱的位置位於琴肩部以下約三厘米處的中心位置；地柱位於琴上腰部以上約三厘米處的中心位置。確定好天、地柱的位置後用膠粘合固定。

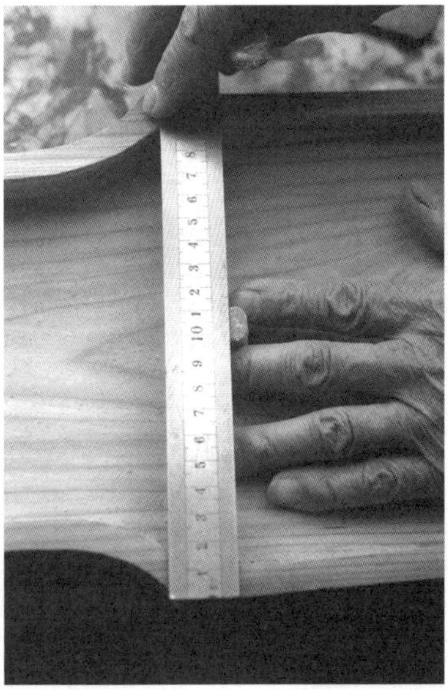

圖一

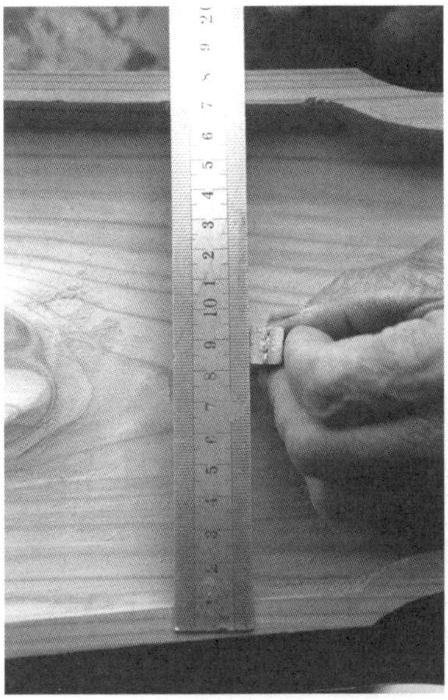

圖二

【五十四】

從距琴膛上部弧形邊沿四厘米處和距兩側一點五厘米處至天柱，琴面厚度如圓鍋形漸徐由一厘米至二厘米（圖一）；從天柱至龍池納音上部琴面厚度約爲二厘米漸徐至三厘米。龍池納音厚度約爲三厘米；龍池納音下部邊沿至地柱琴面厚度約爲三厘米漸徐至二厘米（圖二）。

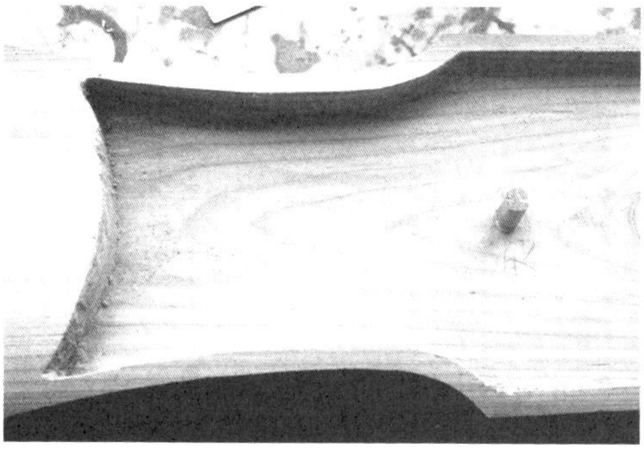

圖一

圖二

從地柱至鳳沼納音上部邊沿，整體琴面厚度約爲二厘米，鳳沼納音琴面厚度爲二點五厘米（圖三）；雁足周圍約一厘米寬度的凹槽，琴面厚度約爲一厘米（圖四）。

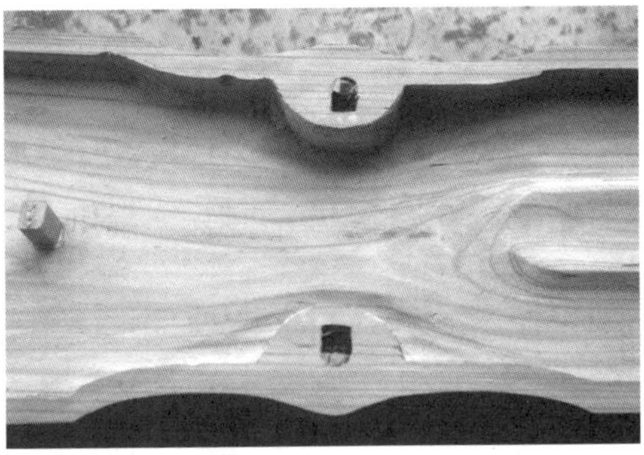

圖三

圖四

從鳳沼納音下部邊沿至琴尾弧形邊沿和兩側，琴面厚度如圓鍋形漸徐由二點五厘米至一厘米（圖五）。

圖五

挖制好的琴膛。

【斫制底板】

【五十五】

伏羲式底板的長寬與琴面相同，通常厚度爲一至一點二厘米。把準備好的底板放在操作臺上，將琴面對扣在底板上。

圖一

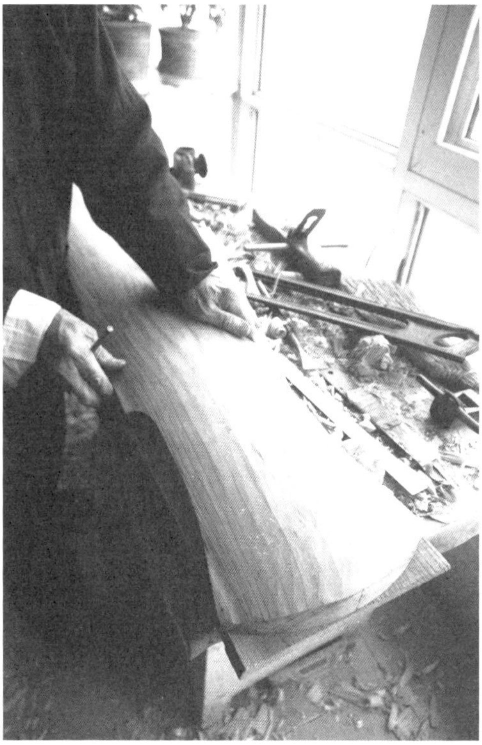

圖二

【五十六】

用筆沿琴面在底板上畫出琴底的輪廓綫。

【五十七】用凹鋸沿畫好的綫鋸出底板的形狀。

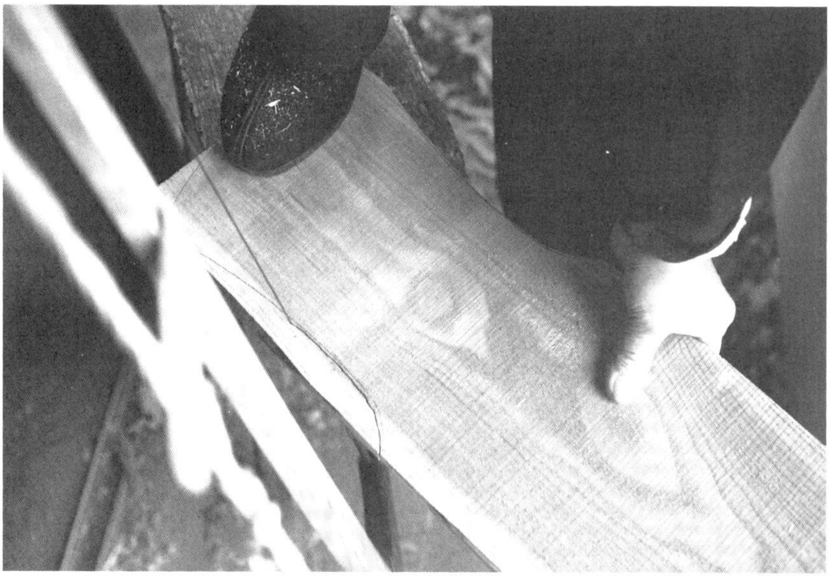

【五十八】　將琴面與底板并排放在一起，用筆按照琴面已畫好綫的位置，在底板上標畫出相對應的綫。

【五十九】

確定底板的中綫，用墨鬥打出綫，再用筆按照三厘米的寬度畫出兩個納音。由於伏羲式頭部爲弧形，兩個納音的兩端也爲弧形會相對美觀。

圖一

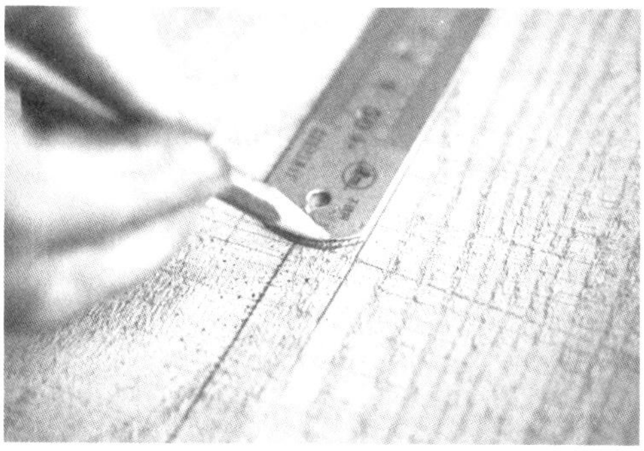

圖二

【六十】

在距岳山綫向琴頭方向一厘米的位置畫出軫池的位置，長度爲十五厘米，寬爲二點五厘米。

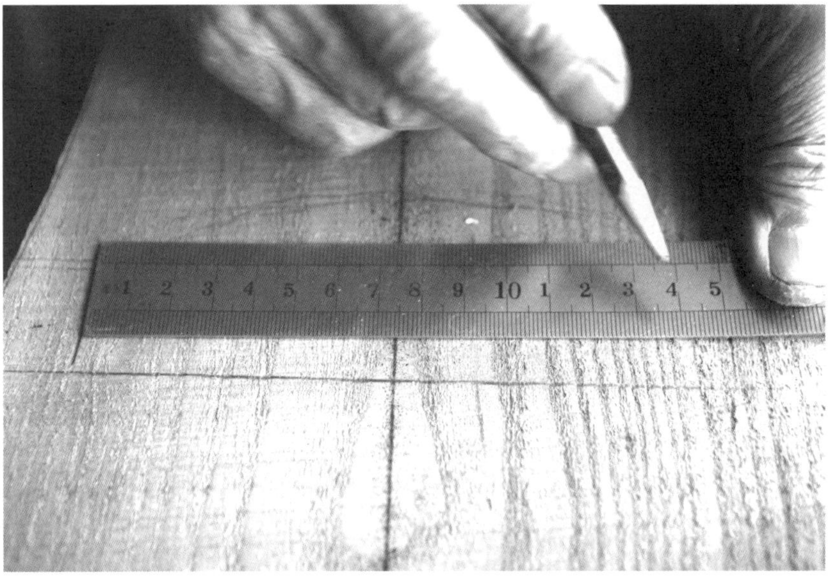

【六十一】

用鑽在底板軫池和上下兩個納音上各鑽出一個孔。

【六十二】

把搜弓子的鋼絲鋸條穿過鑽好的孔，沿綫分別鋸出軫池和兩個納音。

【六十三】

用銼以畫好的邊綫爲準，修整鋸好的軫池和納音。

【六十四】

在底板上用筆畫出與琴面相對應的琴膛上部弧形綫和琴尾弧形綫，再用筆沿琴底板兩側的輪廓畫出約距一厘米的邊綫，并與頭尾的弧形綫相連。

【六十五】

用小刨子沿畫出的邊綫至納音兩側邊沿刨出淺凹槽，之後用砂紙打磨平整。從畫好的邊綫起，琴底厚度約爲八毫米，漸徐至納音兩側邊沿厚度約爲一厘米。底板上部弧形綫和琴尾弧形綫距納音上下邊沿凹槽尺寸與此相同。

圖一

圖二

圖三斫制好的琴底内部

【琴膛落款】

【六十六】

琴膛挖制好後，在納音兩側落款。

琴膛內落款古今多用兩種方式：一種是用筆直接書寫；一種是先用筆在紙上寫好後貼在琴上，再用刻刀刻在琴膛內。落款的位置通常在納音兩側。落款的內容主要包括年份、月份或季節、斫制者或監制者的名號等。

【合琴】

【六十七】

將膠均勻塗在琴面與底板接觸的部位，然後將底板與琴面合上，再將按軫池寬度做好的厚約二毫米左右的軫板，塗膠後放入軫池粘合。

圖一

斫琴時常用的膠料有皮膠、魚鰾膠、樹脂膠、白乳膠等。在古代合琴時也有用生漆當作膠使用的。衆多膠中，皮膠是由牛、馬、驢、豬等動物的皮和筋混合熬制而成；魚鰾膠是以魚脬制成。皮膠、魚鰾膠購回後要加水熬成黏糊狀，粘合時要趁熱進行，冷卻則膠性盡失；樹脂膠、白乳膠則不用熬制可直接使用。

圖二

【六十八】

用鑽在底板與琴面結合的主要部位打出深約二厘米的小孔，然後用錘子將蘸上膠的竹簽打入孔中，之後用銼銼平。

圖一

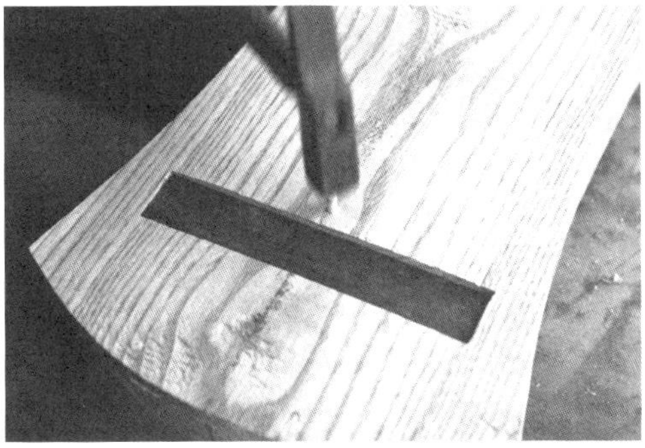

圖二

【六十九】

用繩子將合好的琴均勻捆住，再用木楔子楔入底板的繩中，并用拿子將兩頭夾緊，以固定琴面使其膠合嚴實。

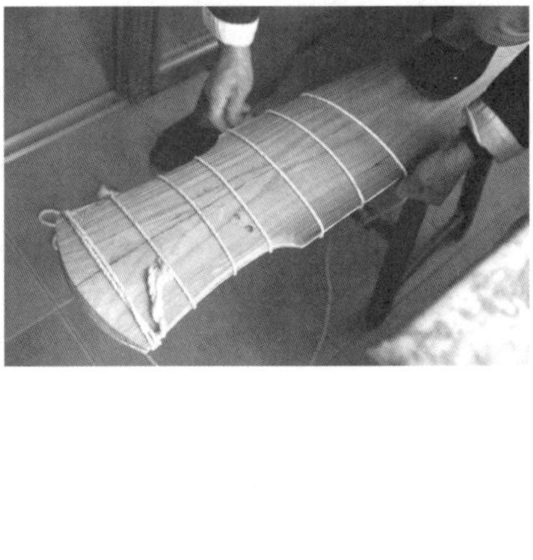
圖一

圖二

圖三

【七十】

在軫池與軫板之間打入釘子固定，待膠乾透後再將釘取出。

合好的琴要用繩子捆好放置一周左右，使其乾透，之後再將繩子解下。

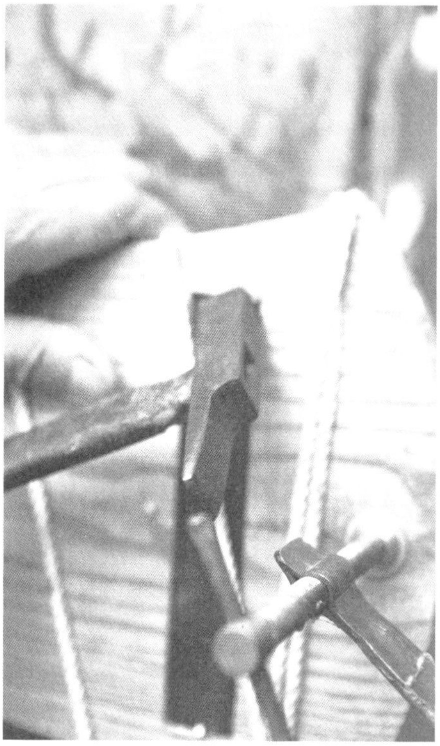

【確定有效弦長】

【七十二】

琴的有效弦長指的是岳山內側距龍齦內側琴弦的長度。古今琴的有效弦長多確定在一點一一米左右不等。此地選用一點一一米爲伏羲式的有效弦長。

先用筆畫出岳山的位置。通常伏羲式的岳山距琴頭約九點五厘米。

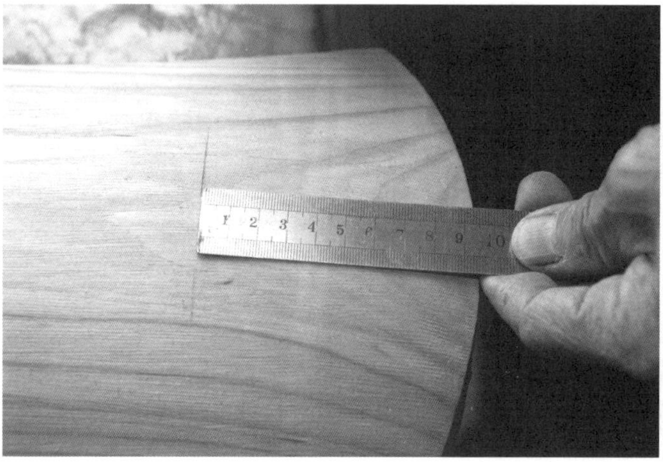

【七十二】

以岳山綫爲起點，量出有效弦長的長度并用筆在琴尾標畫出龍齦內側的位置。

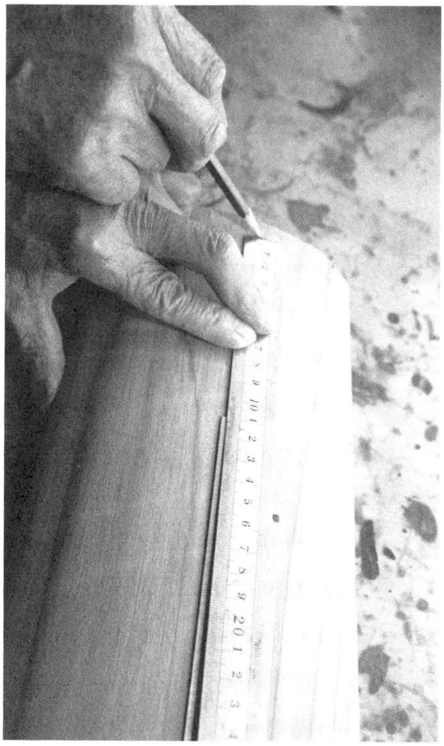

【制作與安裝附件】

【七十三】

制作龍齦時，先將選好的輔料鋸成長寬爲四厘米，厚約五毫米的木塊，用刨子刨平後再用銼修整，然後在龍齦朝琴尾的方向留出五毫米，再用銼修出坡度，其餘向下鑿出深約二毫米的深度，再用銼修平。

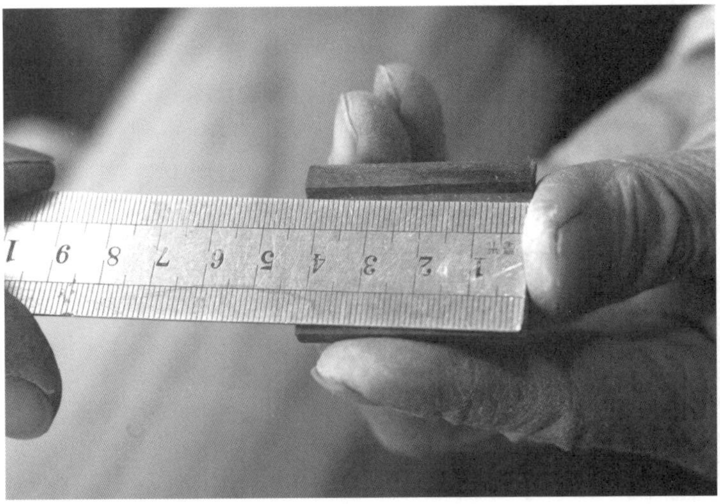

【七十四】

將龍齦中心與琴尾中心點對齊，龍齦高出部分的內側邊綫與畫好的有效弦長綫平齊，并用筆在琴面上畫出龍齦的位置。

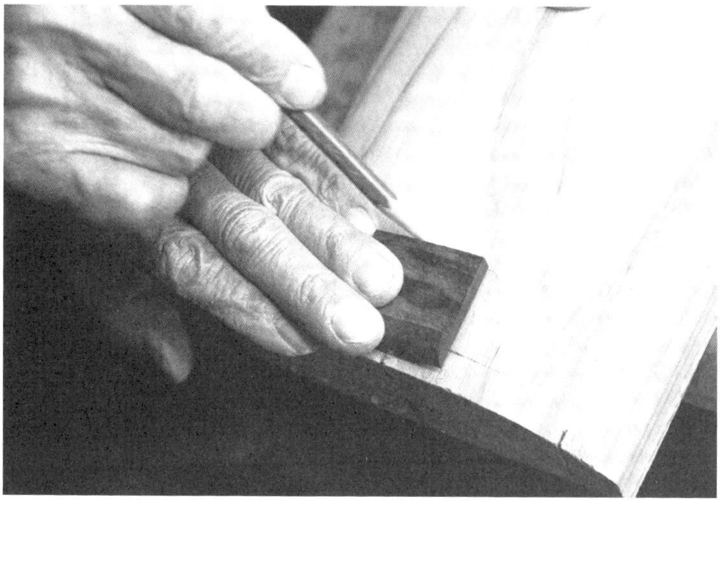

【七十五】

用木鋸沿畫好的綫鋸深約三毫米，再用板鑿鑿平，用板銼修平整，最後龍齦面應高出琴面中心點零點五至一毫米之間，爲以後髹漆預留出空間。

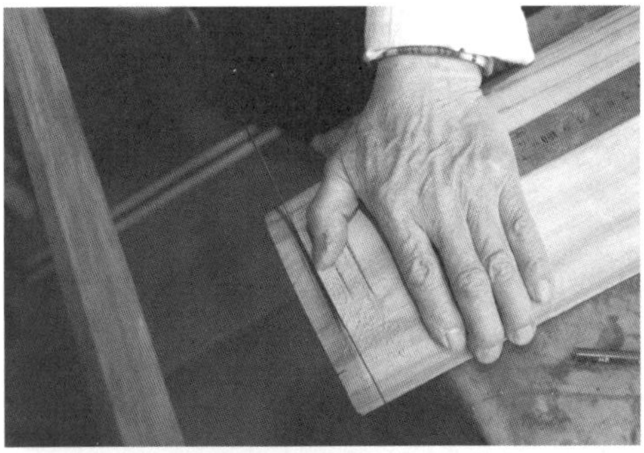
圖一

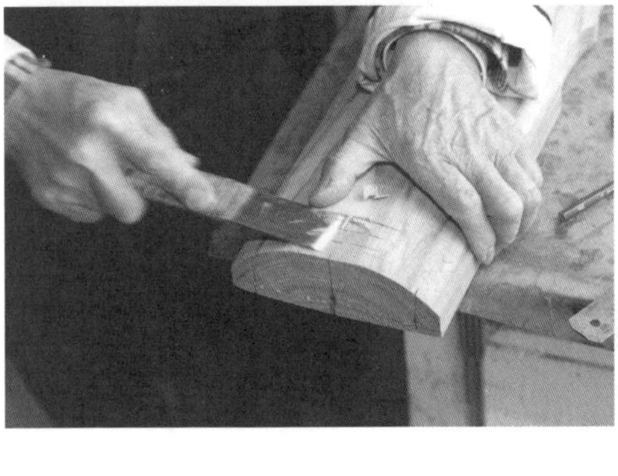
圖二

有經驗的斫琴師在選擇龍齦高出琴面的高度時，會根據琴面木質硬度來決定預留的高度。通常來講，琴面木質硬，髹漆要略薄，龍齦高出琴面相對要低，反之則要略高。

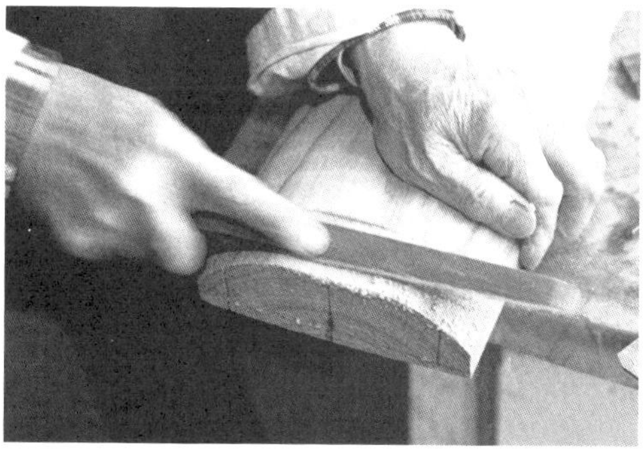

圖三

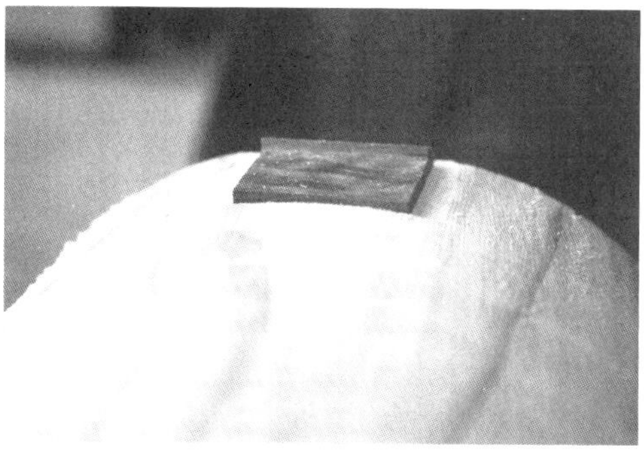

圖四

【七十六】

用硬木制出長爲三點五厘米，寬爲四厘米，厚約零點五厘米的齦托。以琴底板的中心點距琴尾一點五厘米的位置爲底綫，將齦托放在琴底板上，用筆沿齦托輪廓畫出綫，再用鋸、平鑿、平銼等工具制出嵌進齦托的位置，齦托應高出琴底板零點五毫米左右。

圖一

圖二

【七十七】

用筆按古代兵器「戈」的形狀在硬木上畫出冠角的形狀，厚度約爲零點六厘米。冠角的長寬也同樣可以根據一些形制好的琴的冠角放出樣板，再依樣板來確定自已斫琴時的冠角尺寸。之後用凹鋸沿綫按琴面的大致弧度，初步鋸成凹形。冠角要制作兩個，分別位於龍齦的兩側。

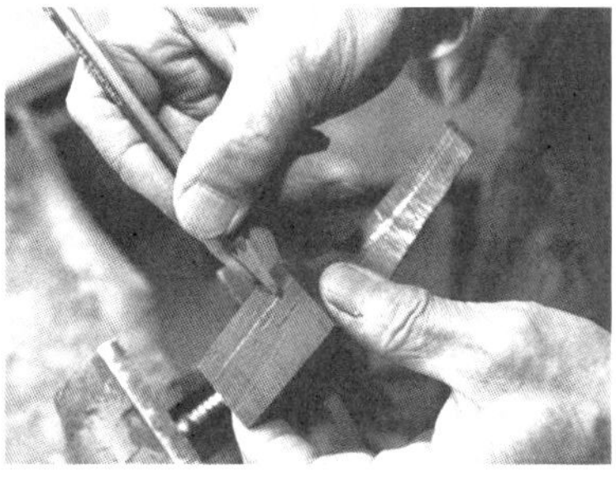
圖一

圖二

【七十八】

將冠角固定，用小圓刨按琴面的弧度在冠角裏側修整凹槽，再用銼修整使其能夠與琴面緊密吻合。

圖一

圖二

【七十九】

用筆沿冠角內側在琴面上畫綫，然後用板鑿沿綫淺鑿，之後用平鑿和板銼修整出冠角嵌進的位置。冠角應高出琴面約二毫米左右，冠角靠琴兩側的邊應與琴側平齊，尾部則與琴尾部平齊。

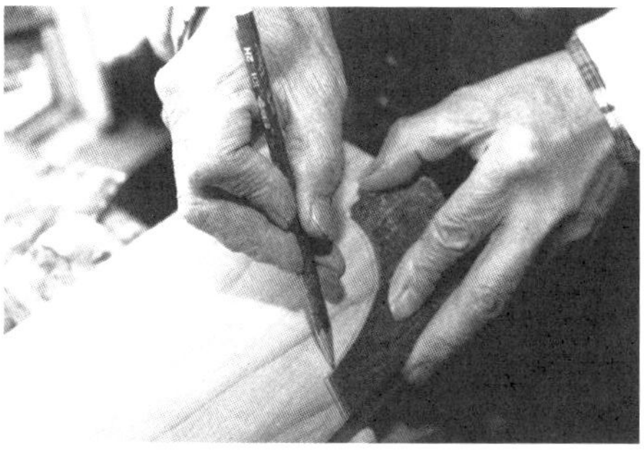

圖一

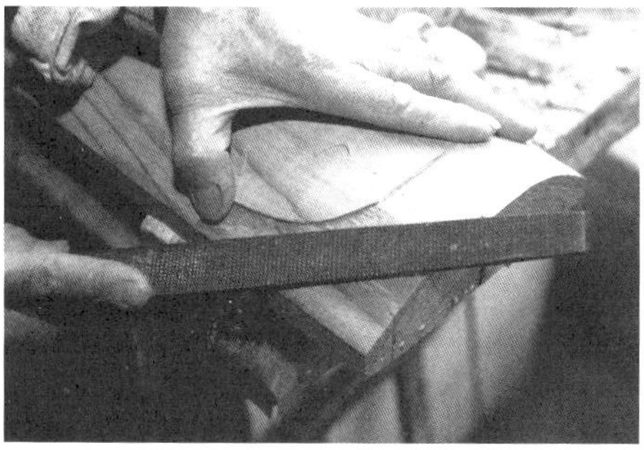

圖二

圖三

【八十】另一側冠角也采用相同的制作方式。

圖一

圖二

【八十一】

托尾的制作與冠角的制作基本相同，但沒有像冠角裏側的凹槽。托尾的厚度約爲零點三厘米，尾部與底板尾部相差一厘米，高出琴底板二毫米左右。

【八十二】

護軫的制作是先用木鋸鋸成邊長四厘米，高八厘米的木塊。固定後用木銼將一角銼成與琴頭兩角相同的弧度，然後依照整長的中心綫鋸出木綫，再在中心綫兩側各鋸出零點五厘米的護軫底座預留綫。之後在兩頭頂部至護軫底座預留綫，用凹鋸沿十字中心綫鋸出兩個凹型，再用鋸在整長中心綫將護軫分成兩個，用板銼銼平護軫底部。

圖一

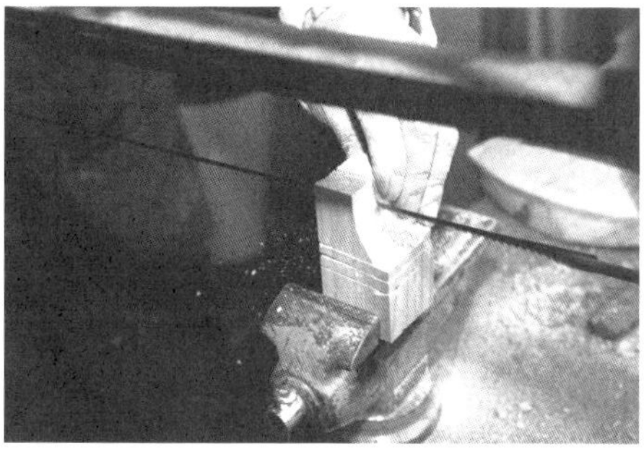

圖二

圖三

圖四

【八十三】

將做好的護軫放在琴頭兩角。用筆沿護軫底座輪廓在底板上畫出綫，再用板鑿和板銼制出零點五厘米深度的護軫嵌槽。

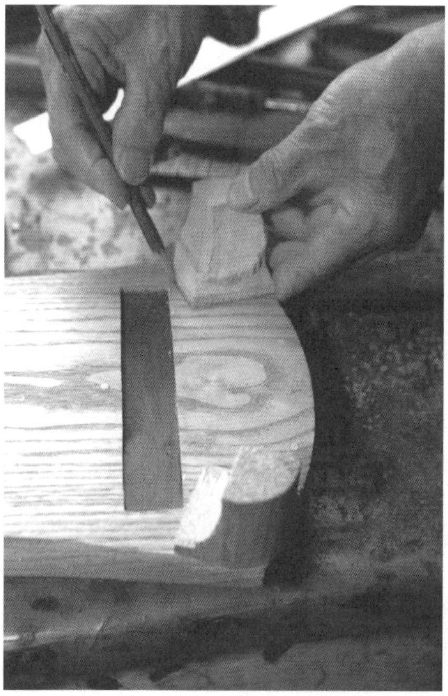

【八十四】

承露的制作要先鋸出寬度爲二點五厘米，長爲十六厘米，厚度爲零點二厘米左右的弧形木塊。然後用板銼修整承露弧形內側，使其與琴面弧度吻合。靠近琴頭的兩角也用板銼修整成圓角，再用開齒銼將承露的表面銼光滑。

圖一

圖二

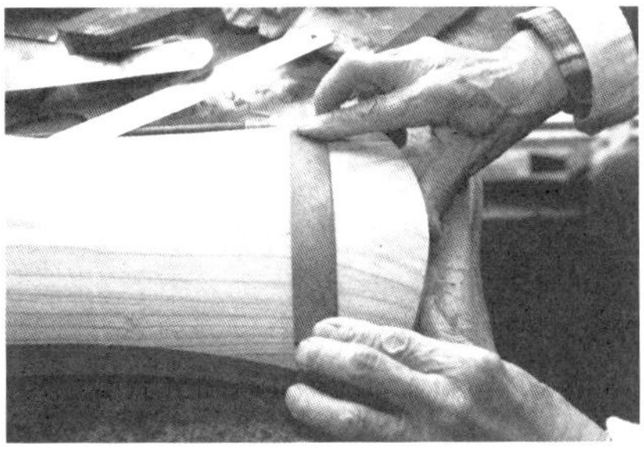

圖三

【八十五】

岳山的制作要先將硬木鋸出寬度約爲三點五厘米，長爲十六厘米，厚度約爲一厘米的半月形。岳山的高度要根據琴的低頭來定，琴的低頭越低岳山的高度也就越高，反之則越低。之後用板銼修整岳山半月形內側，使其與琴面弧度相合，然後用刨子修整岳山。

圖二

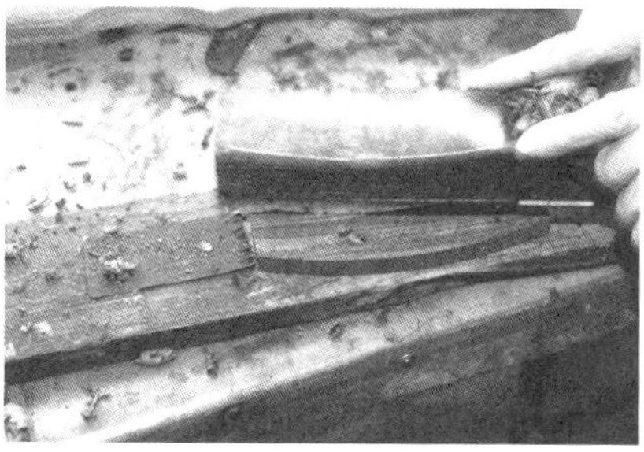

圖三

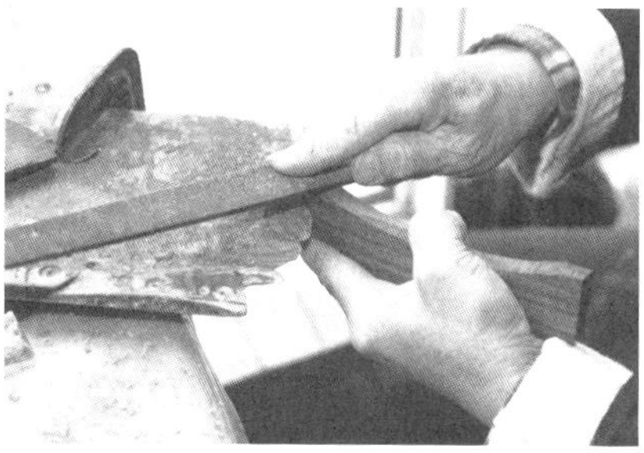

圖一

【八十六】

將岳山放在琴頭上，靠琴尾一側與畫好的有效弦長綫平齊。再用筆在琴面上沿岳山周圍畫綫，用鋸、鑿子、銼制出深一厘米左右的岳山嵌槽。嵌槽底部與琴面弧度一致。

圖一

圖二

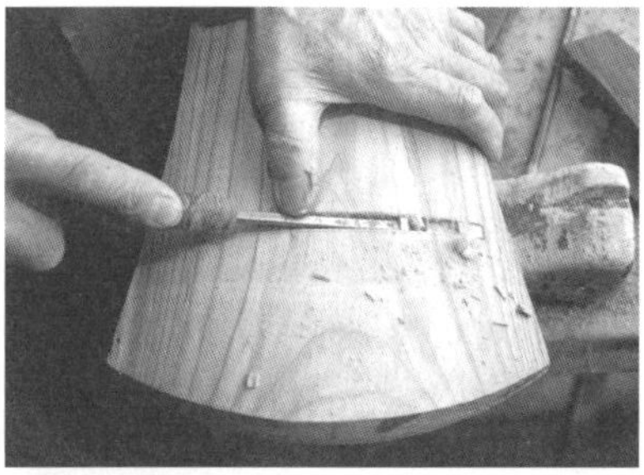
圖三

圖四

【八十七】

粘合附件時，如選用皮膠或魚鰾膠，應用火熬制成黏液狀。用膠時一定要趁熱粘合，待膠涼後黏度將大大減低。

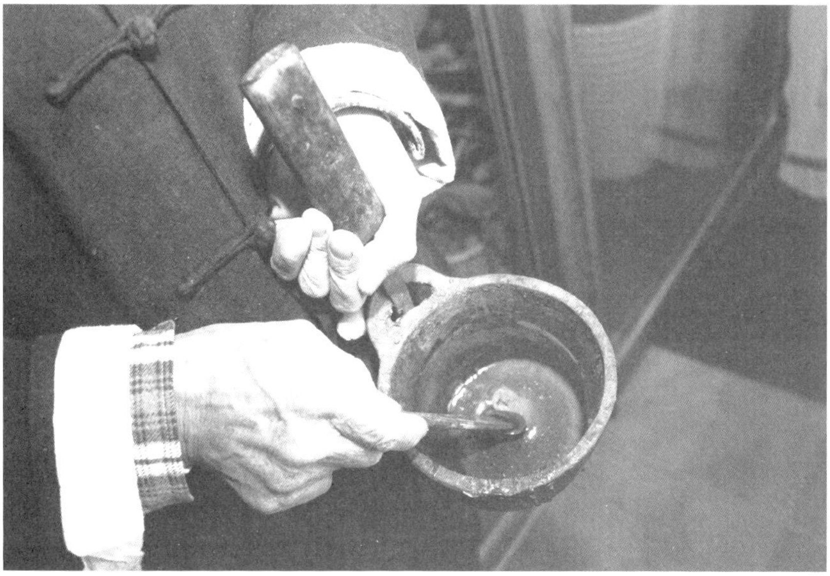

【八十八】

先將熬制好的膠均匀塗在齦托、龍齦上，然後粘合在琴上。

圖一

圖二

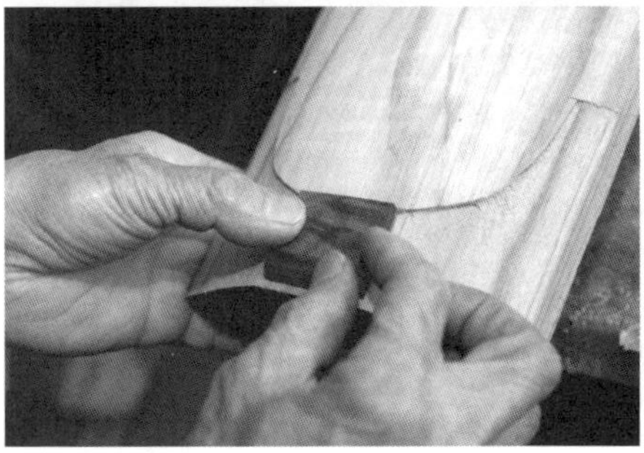
圖三

【八十九】

將膠均勻塗在安裝冠角的琴面上，再將冠角粘合，用繩緊緊固定拼打上楔子。托尾則待冠角放置幾日膠乾透後，再按照安裝冠角的方法進行安裝。

圖一

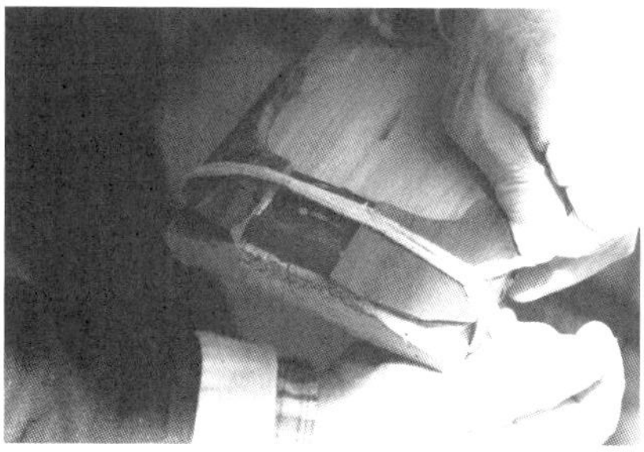
圖二

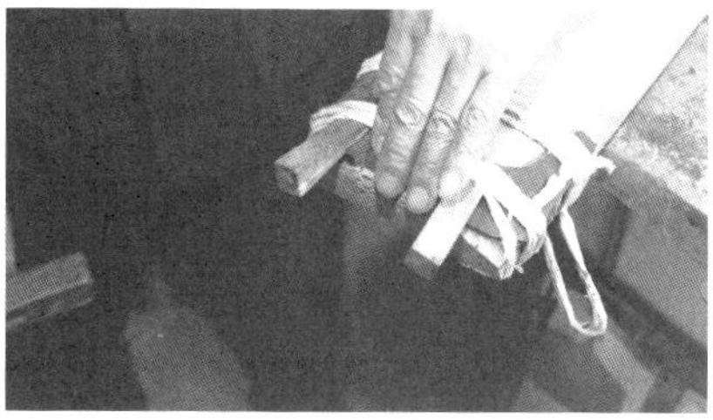
圖三

【九十】

將膠均勻塗在岳山的嵌槽裏，然後將岳山放入嵌槽，再用錘輕擊固定。

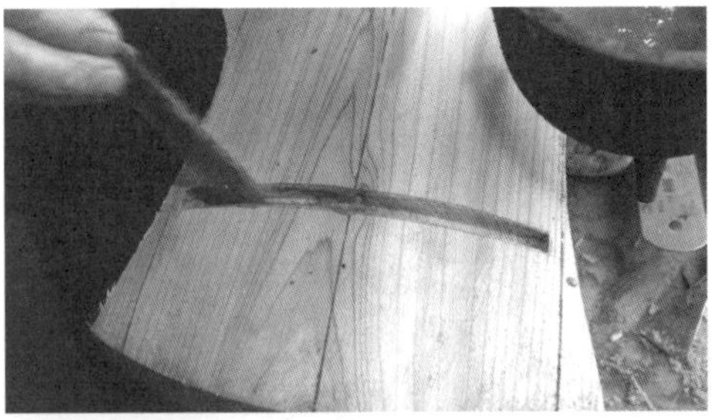
圖一

圖二

【九十一】

將膠均匀塗在承露裏側幷粘合在琴面上，然後用圓釘固定，再用楔子放在小枕木與承露之間，擰緊拿子固定。

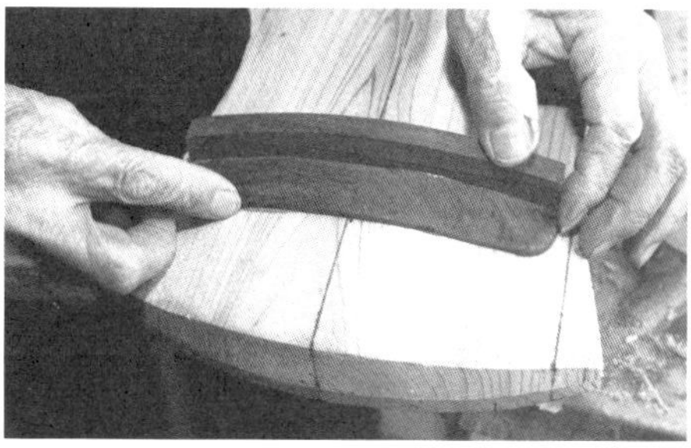
圖一

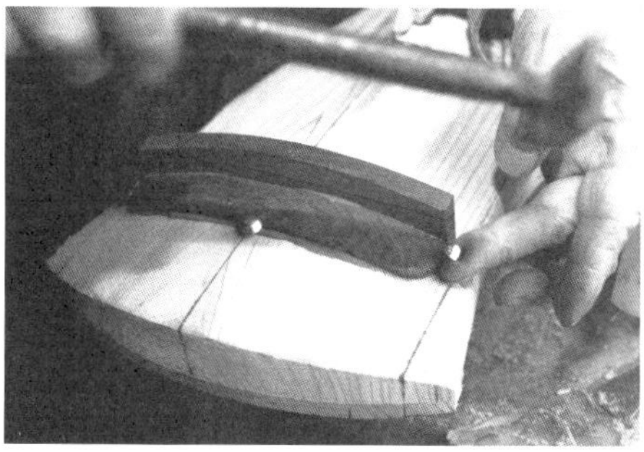
圖二

圖三

【九十二】

將琴底板朝上用膠均勻塗在護軫上，再粘合在嵌槽中。

【九十三】

等膠完全乾透後，用木鋸沿龍齦、冠角和齦托、托尾外沿，將多餘木料鋸掉。

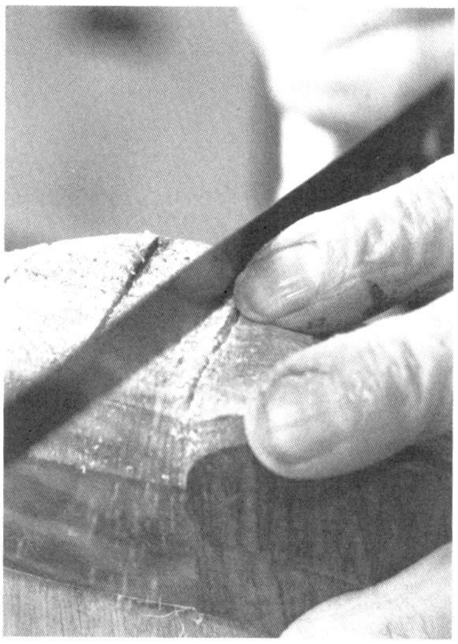
圖一

圖二

【九十四】

用螃將冠角、托尾表面修整光滑，再用小開齒銼修整龍齦、齦托。

圖一

圖二

【九十五】用板銼修整琴尾部邊沿。

圖一

圖二

【九十六】

用刻刀雕刻出冠角綫，然後用平鑿鑿平所需部位，再用小開齒銼修整光滑。冠角綫的款式有多種，可以根據個人喜好來選擇。

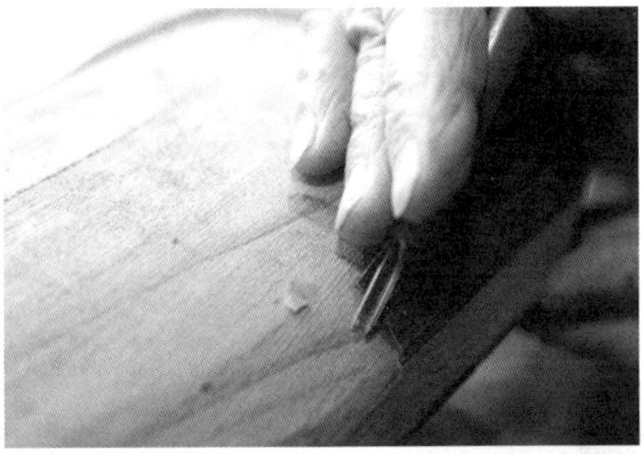
圖一

圖二

圖三

【九十七】

用板銼修整龍齦。關於龍齦和岳山兩側的琴弦高度，俗語中有「兩指（紙）」之稱，也就是指岳山的弦高爲一個手指的高度、龍齦的弦高爲一張紙的高度。通常我們在斫琴過程中兩側要多預留一定的高度，待琴髹完漆上弦時再進行調整。

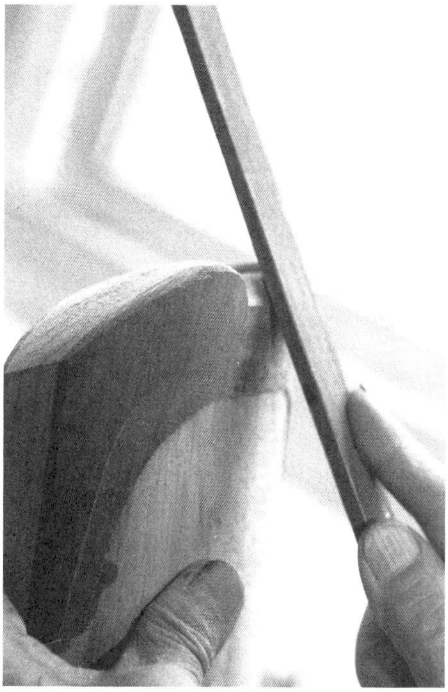

【九十八】

確定承露上弦眼的位置。先將四弦弦眼的位置確定在中心綫上，再依照每弦相隔二厘米的距離分别確定其他六根弦弦眼的位置。此地也可用軟質的材料預先做出樣板，這樣會更加方便，然後用鑽垂直打眼并鑽通琴底的軫板。

斫制伏羲式

圖一

圖二

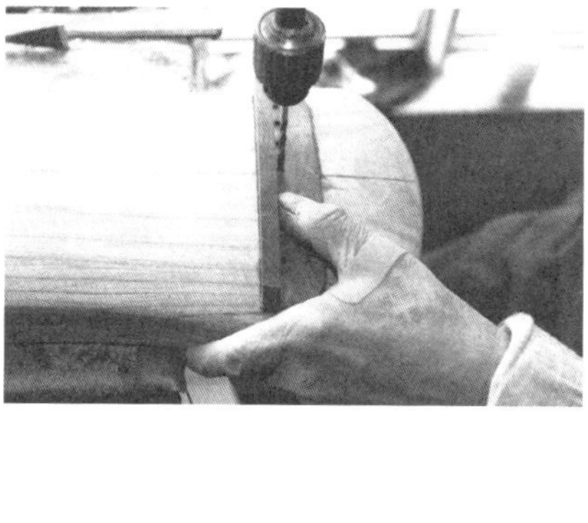
圖三

【九十九】

用板銼修整岳山高度。通常一弦處高度爲二厘米，七弦處高度爲一點八厘米。此時多預留一定的高度，以便以後調整。岳山頂部也要預先銼出一個坡度，內側要高於外側約零點一厘米。

圖一

圖二

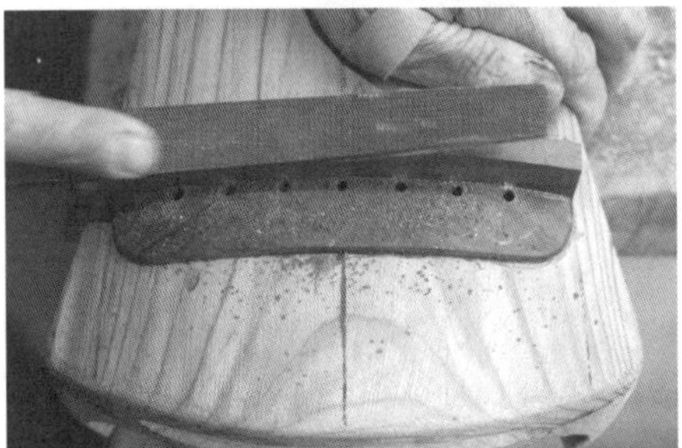

圖三

【一〇〇】

用尖銼修整護軫。

修整好的護軫高出底板約四厘米。

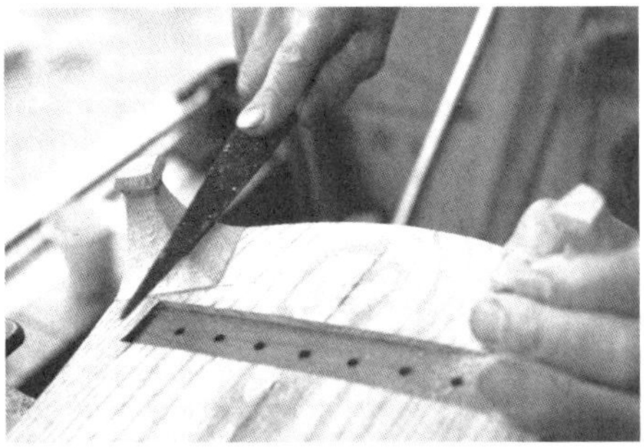

圖一

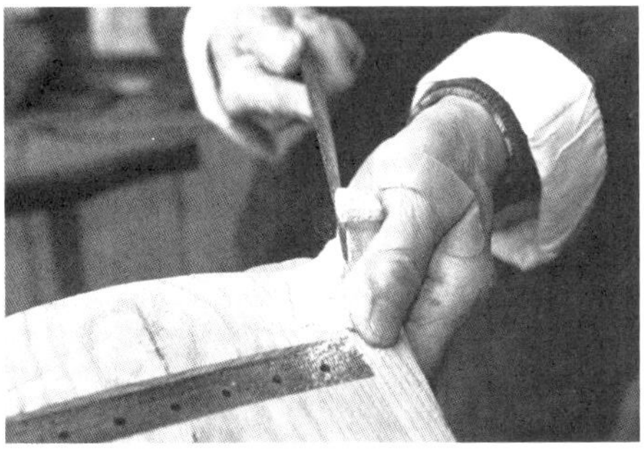

圖二

圖三

【一〇一】

用筆按各距琴面和底板一厘米的尺寸，畫出鳳舌的輪廓，然後用木鋸、平鑿和銼等工具制作出舌，最後用砂紙打磨成型。

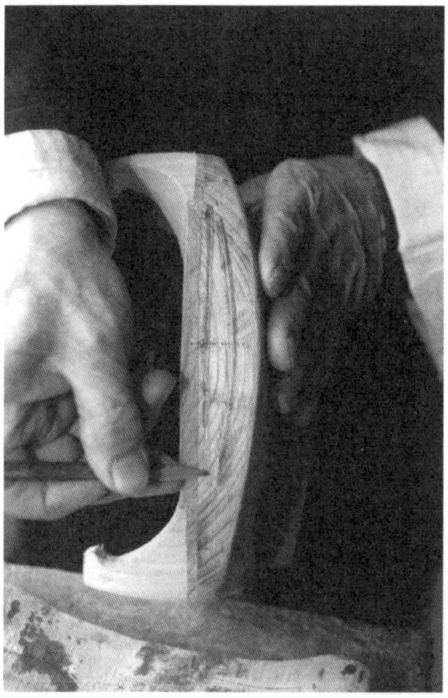

圖一

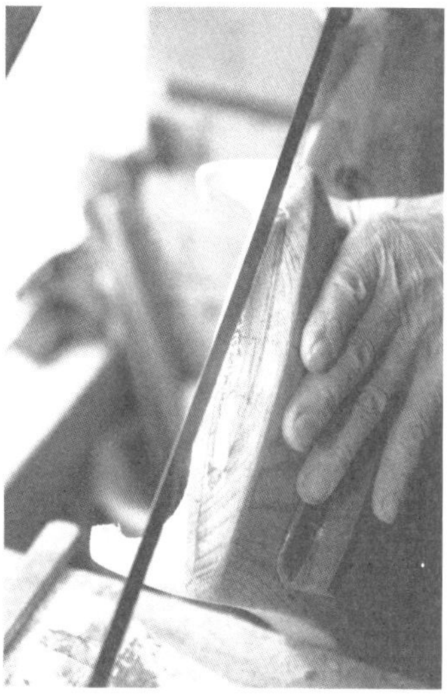

圖二

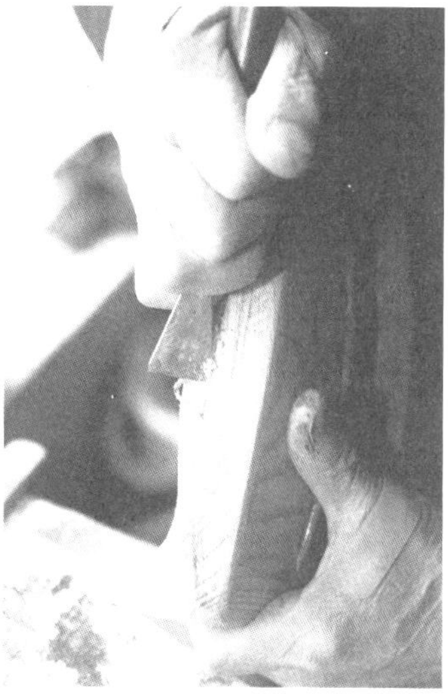

圖三

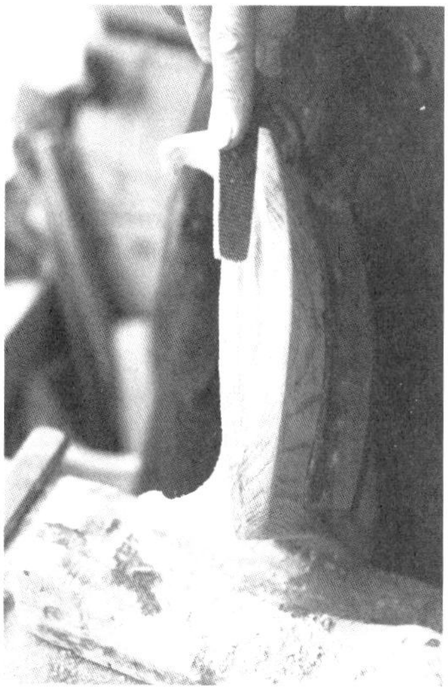

圖四

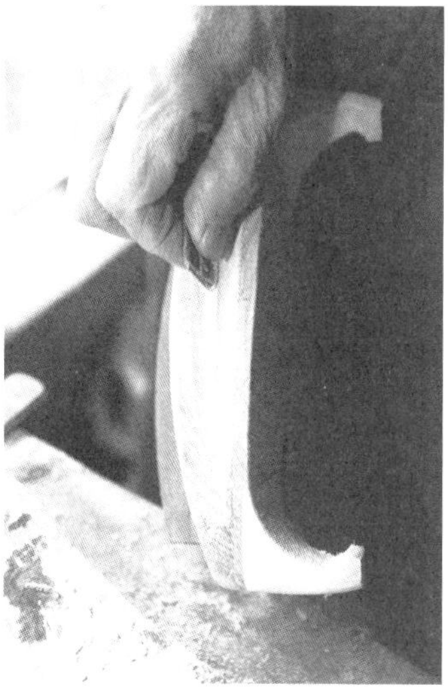

圖五

【一〇二】

制做琴軫時，先制出邊長一點五厘米，高約四點五厘米的木塊。

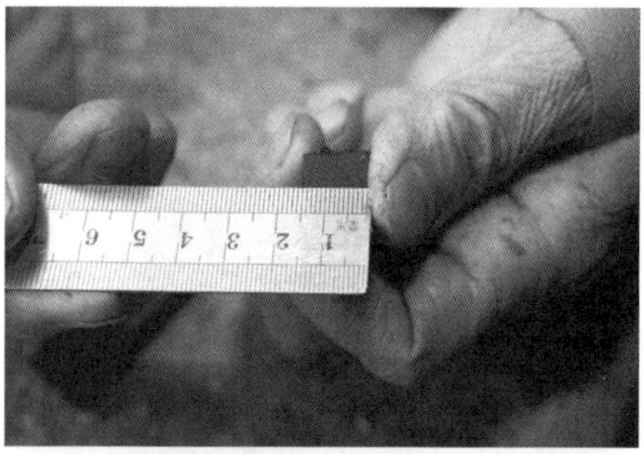

圖一

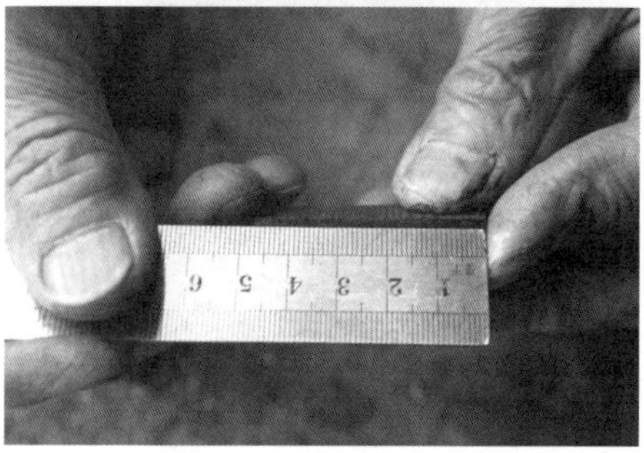

圖二

【一〇三】

用板銼銼出六邊形，然後用尖銼制出頸部與尾部。

圖一

圖二

圖三

圖四

【一〇四】

用鑽在琴軫中心鑽出通孔，之後在琴軫頸部鑽孔與中心通孔相接，頸部孔不打通。

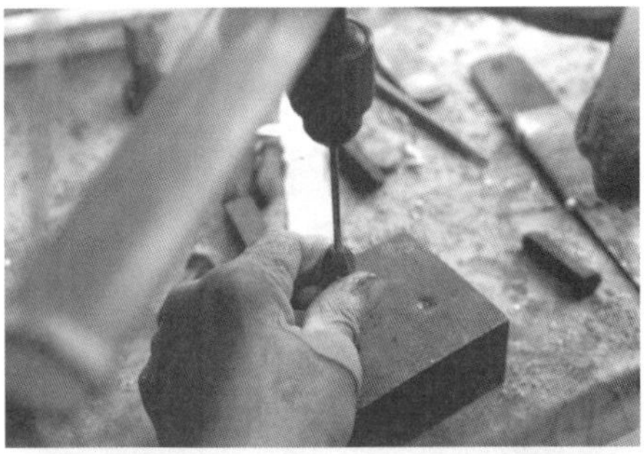

圖一

圖二

【一〇五】

用開齒銼修整，最後用細砂紙打磨光滑。

圖一

圖二

圖三

【一〇六】

制作雁足時，則是先選擇出四厘米見方的輔料，然後用銑的方法，銑出圓型足部，再用板銼修整方型頭部。雁足頭部爲一點五厘米見方。

【一〇七】制作好的琴軫和雁足。

圖一

圖二

【一〇八】

用小方鑿在底板雁足部位鑿出長寬爲一點五厘米、深爲二厘米的足池。

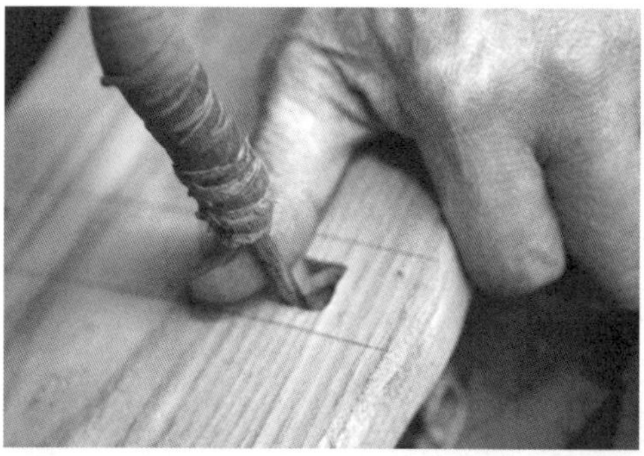
圖一

圖二

【一〇九】

用弧度、樣板最後檢查琴肩部與尾部的弧度，再用板銼細修。

圖一

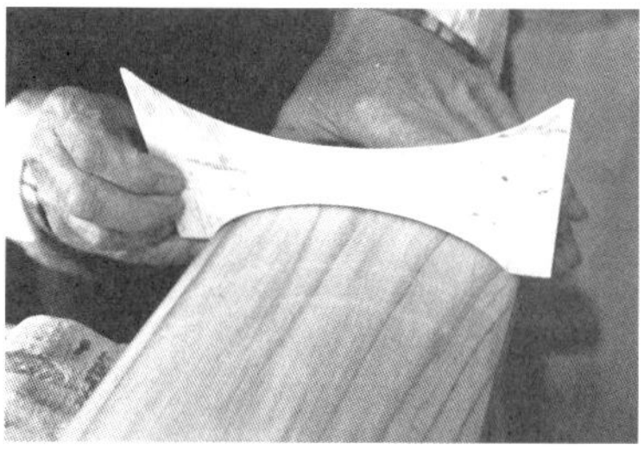

圖二

圖三

【二一〇】
斫制好的琴胎。

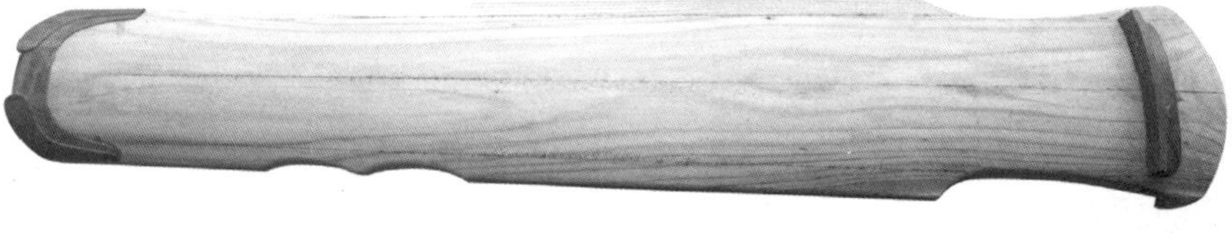
胎面

胎底

朱慧鹏 著

研琴法式

坤集

知识产权出版社

目録

斫制仲尼式

斫制仲尼式

斫琴前，先依照經典傳世琴或自己喜好琴的底板原型放出樣板，并在樣板上標出岳山、雁足的位置，再制出龍池、鳳沼。圖中樣板是根据元代朱致遠斫制的仲尼式琴而制作。

仲尼式

——元·朱致遠 斫

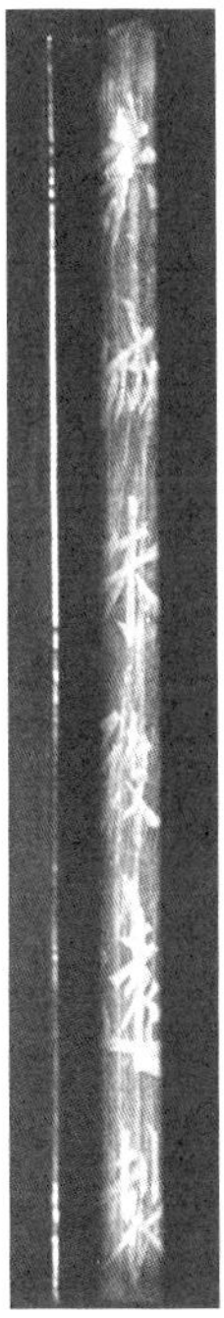

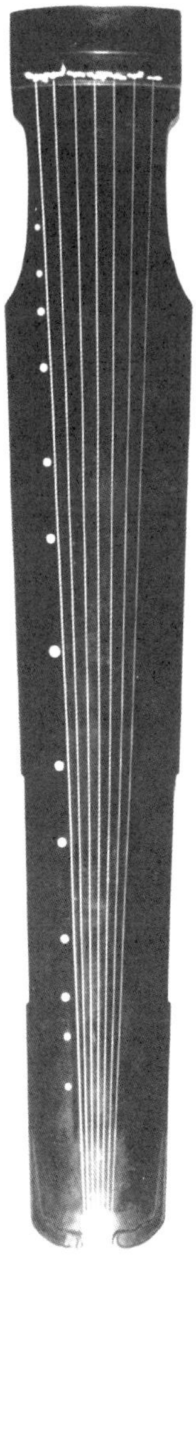

琴面

琴底

【斫制琴面】

【一】

先根據樣板的長寬鋸出琴的面材，再用刨子刨平琴材兩面，厚度通常爲四至五厘米。

圖一

圖二

【二】

選擇好琴面朝向，將制成的樣板放在將要挖制槽腹的一面上，然後用筆根據樣板畫出輪廓，幷標出岳山、雁足的位置。

圖一

圖二

圖三

【三】畫出的基本輪廓。

【四】用筆按標出的岳山、雁足位置在面板上畫出岳山和雁足綫。

圖一

圖二

【五】

將樣板的邊沿向內平行放於距畫出的輪廓綫一點二厘米處，再用筆沿樣板邊沿畫出綫。

圖一

圖二

【六】畫出琴尾的弧形邊綫，距琴尾約三厘米。

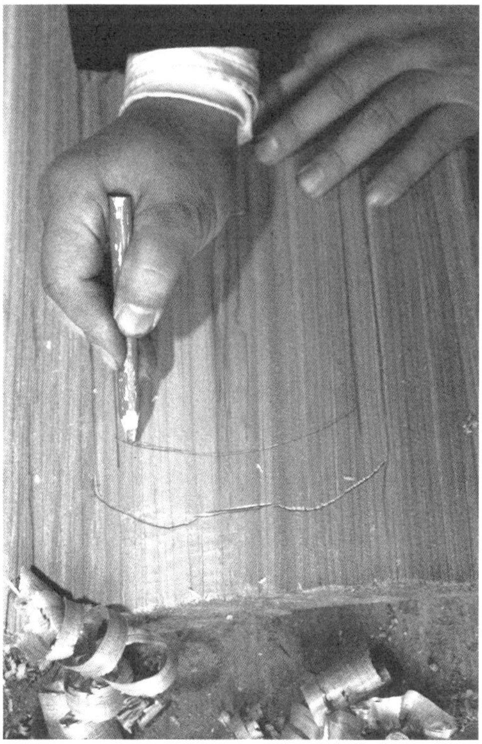

【七】

畫出雁足預留位置的邊綫，各相距均爲六厘米。

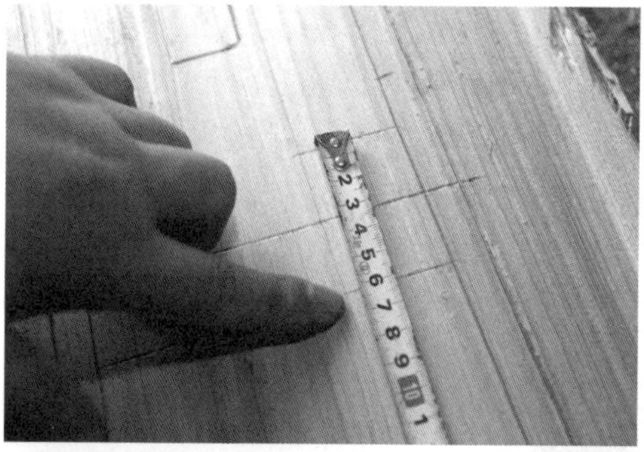

圖一

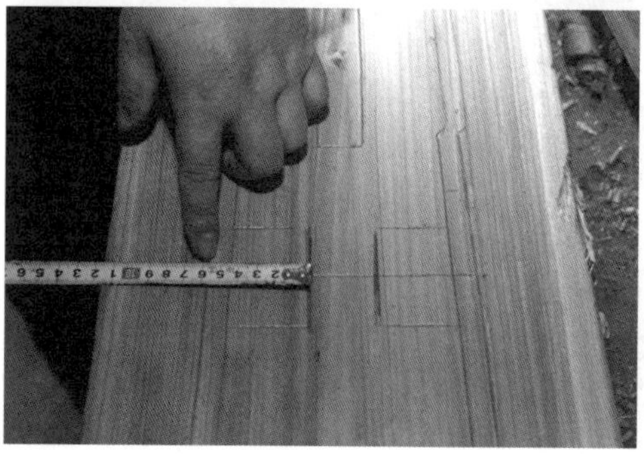

圖二

【八】

用平鑿沿畫好的內側綫，斜下鑿出二厘米左右深度的琴膛槽腹，鑿制雁足、納音時要在邊綫預留出一定的距離，以便以後細修。

圖一

圖二

圖三

圖四

【九】

初步鑿好的琴膛槽腹。

【十】

用木鋸沿畫好的琴輪廓綫鋸出琴的大致形狀。

圖一

圖二

【十二】鋸好的琴形。

【十二】

用斧子斫出琴面的大致弧度，并預先從琴肩部至琴頭斫出低頭的坡度，坡度宜緩不宜過低。

圖一

圖二

【十三】

用刨子從琴頭至低頭處沿弧度大致刨平琴面。唐代的琴多從三徽處開始低頭，宋琴則多從二徽半的位置開始，也就是說低頭處開始的位置多在肩部起而略有不同。從低頭處至岳山的位置應逐漸低約一厘米。

圖一

圖二

【十四】

從低頭處開始，用刨子向琴尾部刨出大致琴面弧度。

【十五】

用刨子修整琴面兩側。

【十六】

用筆在琴兩側畫出兩條直綫，兩條直綫距琴面底部一厘米。此綫是整個琴面弧度最終邊綫，用刨子刨琴面弧度時，兩側弧度均不得超過此綫。

【十七】

用弧度樣板來檢查琴面弧度，再用刨子修整。

圖一

圖二

【十八】

用圓鑿修整琴膛槽腹。修整時琴面厚度應均匀保持在二至二點五厘米。琴面因材質和撫琴者對音色的喜好不同，掏制琴膛時琴面厚度也略有差异。此時應先用圓鑿按凹形修平整，待試音時再對琴面厚度進行細調。

圖一

圖二

【十九】

用圓鑿沿琴兩側的內側邊沿鏟出淺凹槽。

【二十】

用板鑿向斜下方向，鑿制琴頭、琴尾內側。

圖一

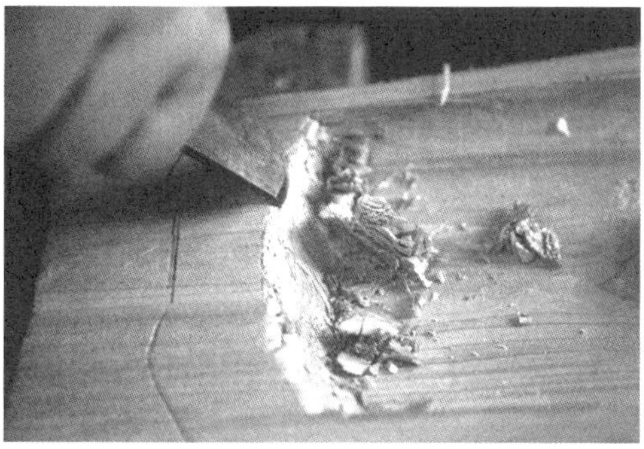

圖二

【二十一】

用板鑿向斜下方向鑿制納音和雁足。

圖一

圖二

【二十二】用小圓刨將琴膛刨平整。

【二十三】

用板鑿鑿薄納音，再用刨子刨平。納音的厚度應保持在二點五至三厘米。

圖一

圖二

圖三

【二十四】用砂紙將琴膛打磨平整。

【制作天地柱】

【二十五】

制出直徑爲一點五厘米的圓形天柱和邊長爲一點五厘米的方形地柱。天柱在琴三徽的位置，約在兩肩部的中心；地柱在八徽半的位置，約在離龍池下部十厘米的中心位置。天地柱的高度要與琴底的高度平齊，以便合琴後能緊密聯接琴面與琴底。此時先不對天地柱進行粘合，待琴初次試音後再粘合。

【斫制底板】

【二十六】

底板的厚度通常在一厘米左右。先用筆在選好的底板上，按樣板畫出底板輪廓以及納音的位置，之後再標出岳山和雁足的位置。

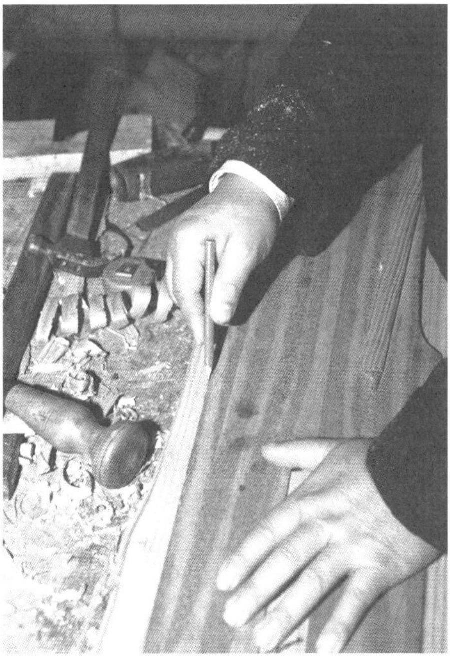

【二十七】

用木鋸沿畫好的綫鋸出底板的輪廓，再用刨子刨平。

【二十八】

用鑽在龍池、鳳沼上各鑽出一個小孔，再用搜弓子制出龍池、鳳沼。

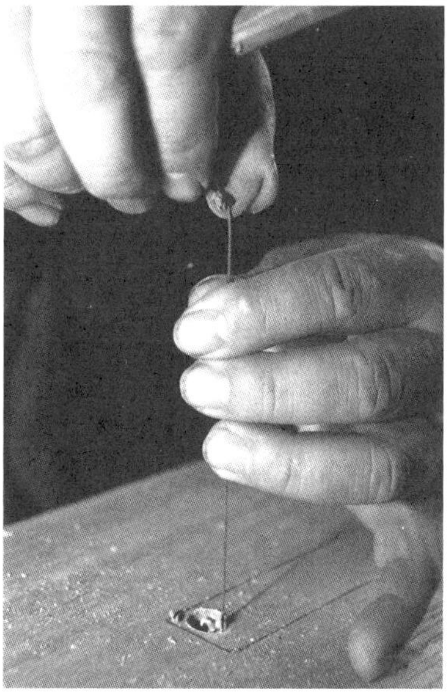
圖一

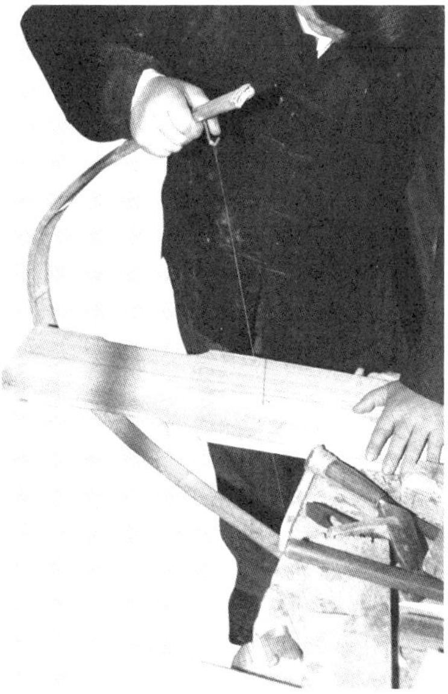
圖二

【二十九】用木銼將龍池、鳳沼內側銼平。

【三十】

將斫制好的底板和琴面合攏，然後分別在兩頭和中間部位釘上兩個釘子。將琴體簡單合上，爲初次試音做準備。

【三十一】

將樣板放於琴面上，頭部與琴頭幷齊，再用筆在琴面上標出岳山的位置，畫出琴的尾綫。

圖一

圖二

【三十二】

用木鋸沿琴的尾綫，將多餘的木料鋸掉。

【制作岳山】

【三十三】

選出合適的硬木，先用木鋸鋸出寬度約爲三點五厘米，長爲十七點五厘米，厚度爲一厘米的半月形岳山。之後用鳥刨修整岳山半月形內側，使其與琴面弧度相合。

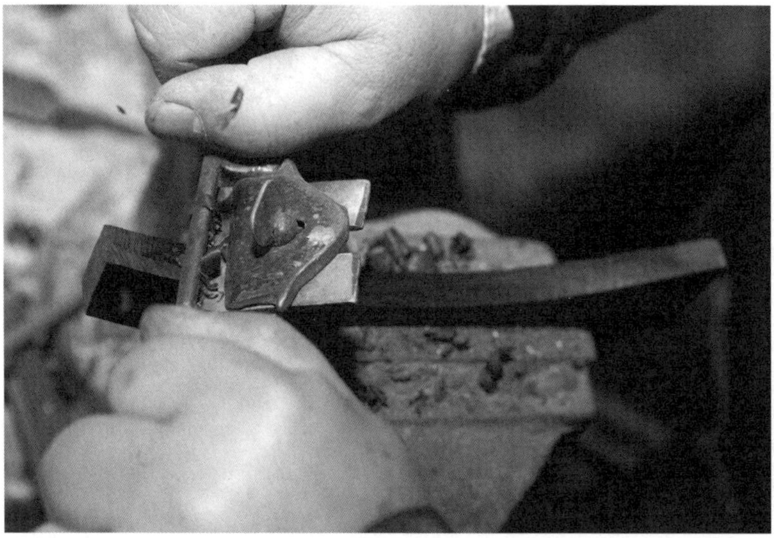

【三十四】

用䗚修平岳山表面。

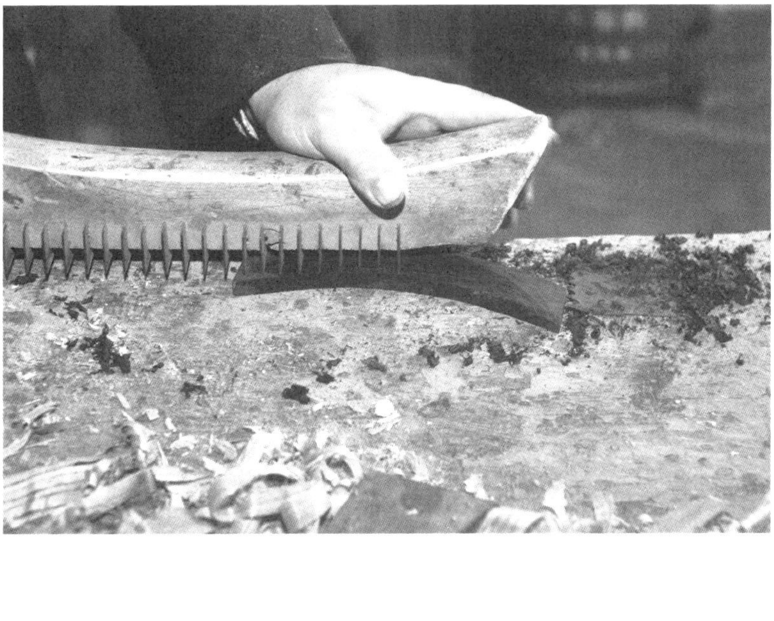

【三十五】

將岳山放在琴面標好的岳山位置上，用筆在琴面上畫出岳山的嵌槽綫。

【三十六】

用木鋸和小鑿子沿綫制出深約一厘米的岳山嵌槽，嵌槽底部要與琴面弧度一致。

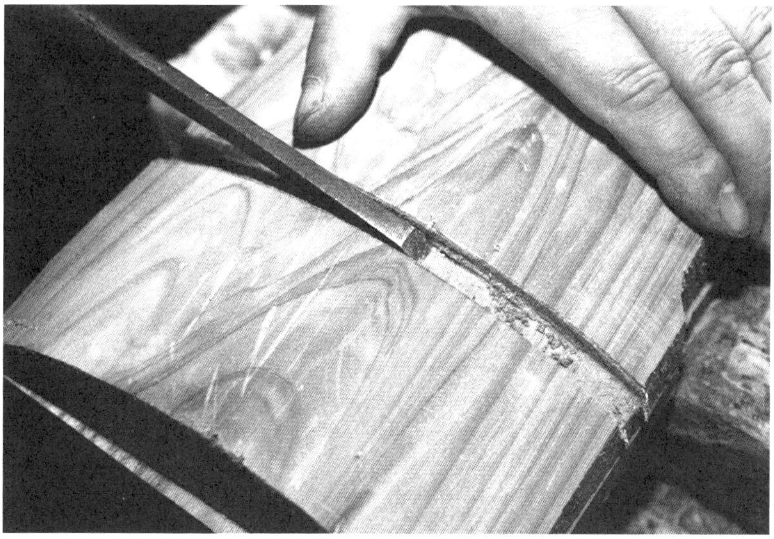

【三十七】

用錘子將岳山嵌入嵌槽，然後用馬齒銼將岳山上部預先銼出一個坡度，朝向琴頭方向略低。

圖一

圖二

【試音】

【三十八】

將琴放入試音架中，琴的尾部墊上一小片薄木片，以暫時替代龍齦。

圖一

圖二

【三十九】

琴的初次試音，主要把握各弦發音均勻，音質純淨、沒有雜音，共鳴和傳遠效果好，音色蒼古圓潤、不銳不鈍。試音時如覺得琴弦過高或過低，則應對岳山和琴的低頭進行調整。

【四十】

將釘子從琴底板取出。

【四十一】

根據初次試音的效果，用工具對槽腹和琴面進行修整，然後再次進行試音，直至音色滿意後才可進行下一步。

【琴膛落款】

【四十二】

用毛筆寫好琴斫制的年份、月份或季節、斫制者或監制者的名號後，貼在琴膛納音兩側，再用刻刀刻在琴上。

圖一

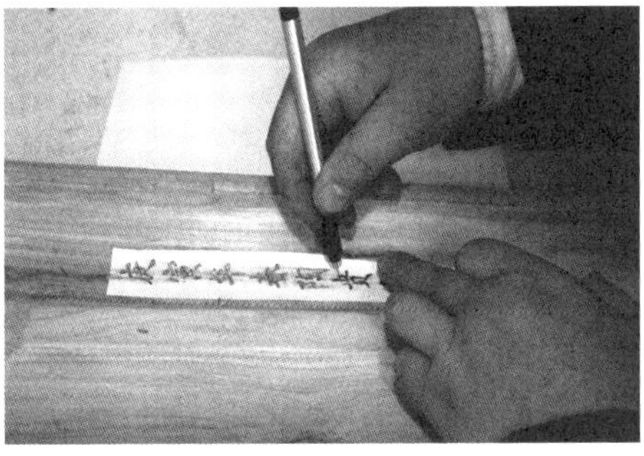

圖二

【合琴】

【四十三】

將膠均勻的塗在琴面與琴底結合的部位。古今合琴用膠種類很多，此地選用樹脂膠粘合。

【四十四】

將圓形天柱和方形地柱兩端塗上膠，粘合時上爲天柱，下爲地柱。

圖一

圖二

【四十五】

將琴底板與琴面粘合。

【四十六】

用繩子將合好的琴均勻捆上。

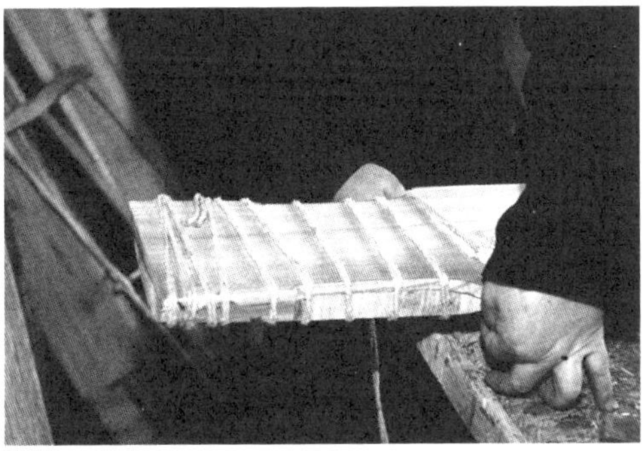

圖一

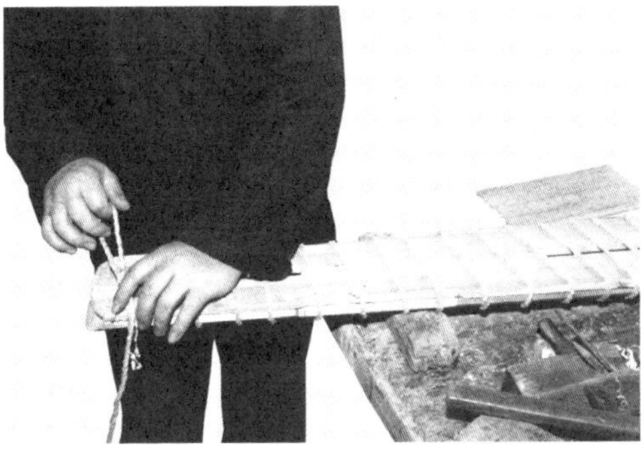

圖二

【四十七】

用木楔子楔入底板的繩中，使琴面膠合嚴實，然後仔細觀察縫隙是否有膠合不嚴之處，可以在不嚴之處補上木楔子。

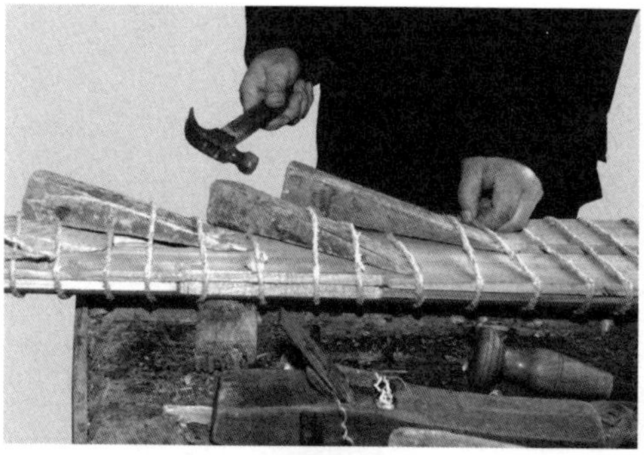
圖一

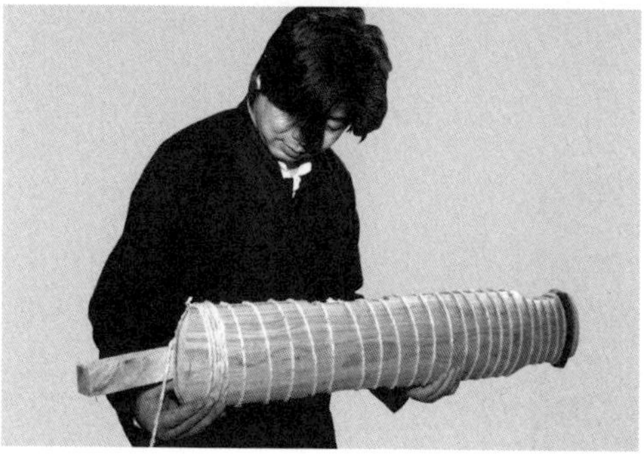
圖二

【四十八】

將捆好的琴放置陰乾，時長三日以上爲佳。

【安裝附件】

【四十九】

待合好的琴乾透後將繩子解下，再用刨子和尖銼修整琴的兩側邊沿。修好的邊沿要兩側對稱，且光滑平整。

圖一

圖二

【五十】

龍齦的形狀爲梯形，朝琴尾方向的邊長爲四厘米，朝琴頭方向的邊長爲五厘米，高爲四厘米，厚約一厘米。將制好的龍齦居中放於琴面尾部。龍齦朝琴尾方向一邊距岳山內側約爲一點一二米，此爲琴弦的有效弦長。然後用筆在琴面上畫出龍齦輪廓。

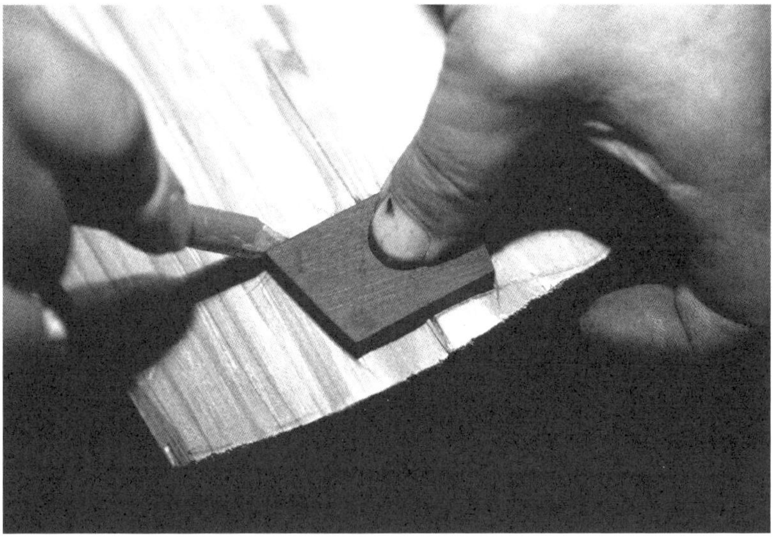

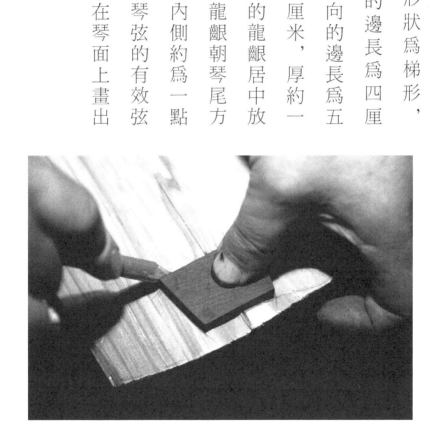

【五十一】

用板鑿沿畫好的龍齦邊綫，鑿制出深約零點七厘米的龍齦嵌槽。

圖一

圖二

【五十二】

用膠將龍齦粘合，

再用釘子固定。

【五十三】

將膠均勻的塗在岳山嵌槽裏，然後將岳山嵌進去。

圖一

圖二

【五十四】將膠均勻的塗在承露上，然後用卡子將承露固定。承露長約爲十七點五厘米，寬爲二點二厘米，厚度約爲零點二厘米。

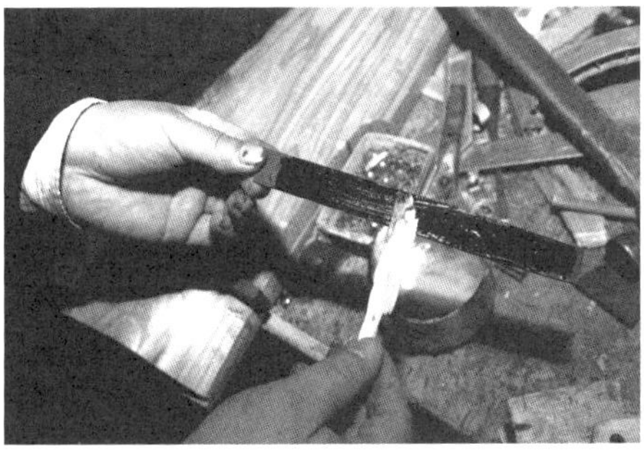
圖一

圖二

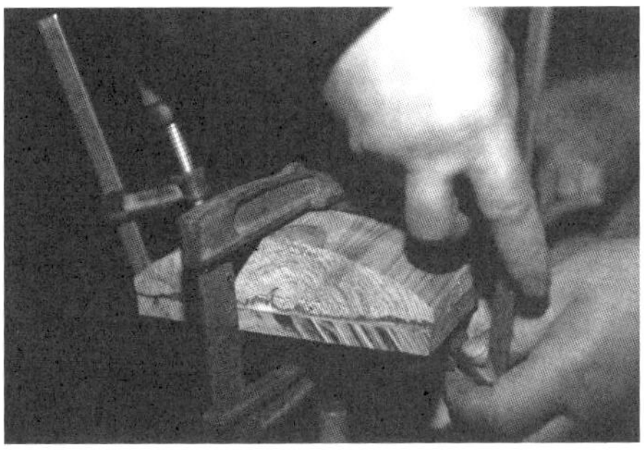
圖三

【五十五】

龍齦陰乾後，將釘子取下。然後按冠角的形狀在龍齦兩側制出嵌槽，再用膠把冠角粘合在嵌槽中。之後用繩子固定好，將木楔子楔入底板的繩中，使冠角膠合嚴實。冠角厚度約爲零點五厘米。

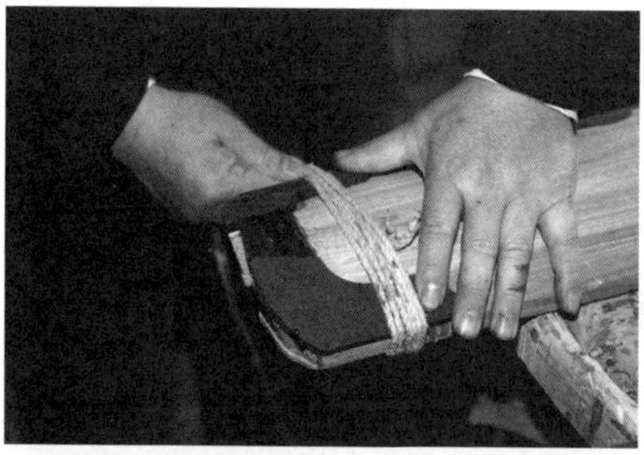
圖一

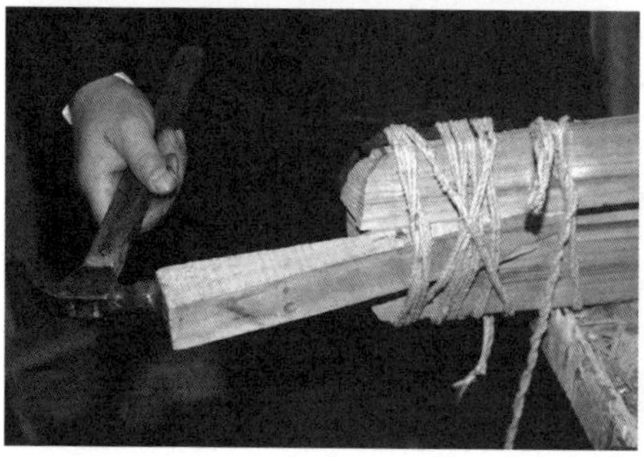
圖二

【五十六】

待冠角陰乾後，用刨子修整冠角，冠角表面弧度應與琴面弧度一致。

【五十七】

用刨子修整冠角兩側，冠角兩側應與琴的兩側平齊。

【五十八】

用尖銼修整琴尾部邊沿。

圖一

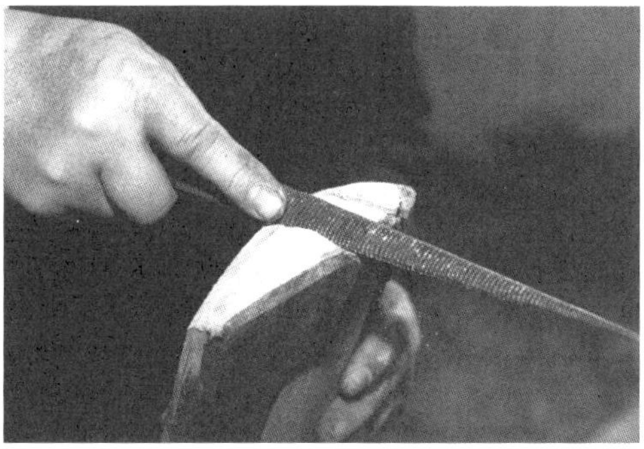

圖二

【五十九】

用鋸從龍齦至琴底板安裝齦托處鋸出梯形凹槽，然後用尖銼修整。齦托處寬約爲三厘米，龍齦至齦托高度相差約爲二厘米。

圖一

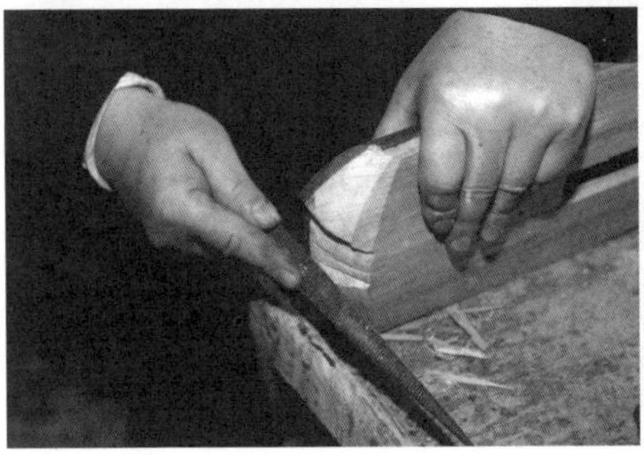
圖二

【六十】

用鑿子在龍齦上鑿制出琴的弦高。龍齦的弦高約爲零點五毫米。靠琴尾處要預留一厘米寬，其餘的用平鑿按低至零點五毫米鑿平。

【六十一】

用筆在冠角上畫出需要雕刻的冠角綫。綫靠琴尾的寬度爲二點五厘米，靠琴尾兩側的寬度爲一點五厘米，此地也可根據個人喜好來決定雕刻的形狀。

【六十二】

先用刻刀沿畫好的綫刻出邊綫，然後再用鑿子修整。

圖一

圖二

【六十三】

齦托和托尾在琴的制作過程中多采用和冠角、龍齦大體相同的形狀，但在傳世的琴中也發現有和冠角、龍齦不相同的形狀。如用雲紋狀、蝙蝠狀整體制成的齦托和托尾，此地制作時我們選用比較有特點的蝙蝠狀。

首先用筆在距琴底板尾部三厘米處找出中心點，畫出直綫。再將選好的硬木制成長度與琴尾寬度相等，寬三厘米，厚度約爲零點五厘米的長方形。然後中心留出約四厘米的長度，兩側用鋸鋸出對稱半圓形，再將中心點與琴尾中心對齊，而後用筆在底板上畫出兩個半圓形邊廓。

圖一

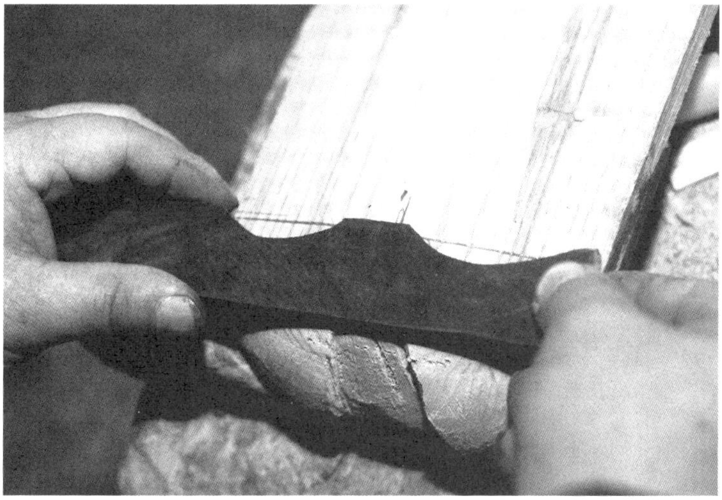

圖二

【六十四】

用鑿子在底板上沿綫鑿制出深約零點二厘米的嵌槽。

圖一

圖二

【六十五】

用筆按底板弧形在硬木上畫出輪廓綫，再用鋸沿綫鋸成形，然後用膠粘合陰乾，之後用尖銼修整。

圖一

圖二

【六十六】

用筆畫出齦托的位置。靠琴尾側寬約三厘米，靠琴頭側寬約四厘米。

圖一

圖二

【六十七】

用鋸、鑿子和尖銼將齦托沿綫制出深約零點二厘米的凹槽。

圖一

圖二

【六十八】

用尖銼仔細修整琴尾，然後再用砂紙打磨。

圖一

圖二

【六十九】用馬齒鉎修整岳山、承露。

【七十】
用刨子將琴頭刨平。

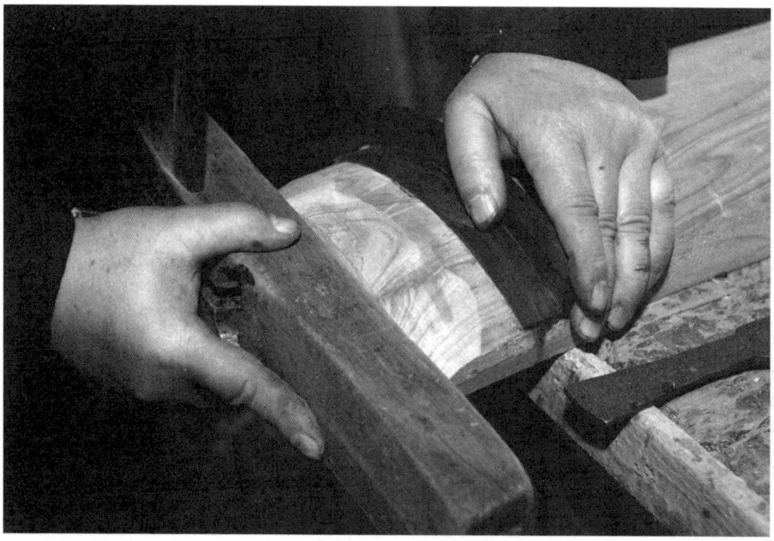

【七十一】

用鳥刨和尖銼修整琴額處。琴額兩角宜略收圓。

圖一

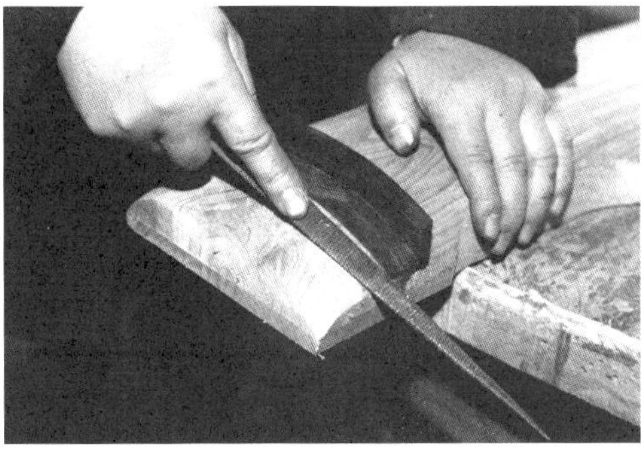

圖二

【七十二】

將硬木制成長爲十四點五厘米，寬爲二點五厘米，厚約零點二厘米左右的軫板。然後依照岳山靠承露側的邊綫位置，在底板上畫出軫池的中心綫。

【七十三】

將軫板的寬度中心與畫好的軫池中心綫對齊并居中放置，再用筆在底板上畫出軫板輪廓綫。

【七十四】

用鑿子沿綫鑿制出深約零點三厘米的軫池，然後用膠均勻的塗在軫板上，再將軫板放入軫池粘合。

圖一

圖二

圖三

【七十五】

護軫的制作方法是先鋸出四厘米見方的木塊，然後用凹鋸沿十字中心綫至護軫底座鋸出兩個凹型，之後用銼修整。護軫底座留約一厘米。

【七十六】

將護軫放在琴頭兩角的位置，用筆沿護軫邊沿在底板上畫出綫，然後用鋸和鑿子制出深約一厘米的護軫嵌槽。

圖一

圖二

圖三

【七十七】

護軫用膠粘合在琴頭嵌槽中。陰乾之後用鳥刨將琴頭底板刨出淺弧形，以使其與護軫的凹型綫吻接，增強琴的流綫感，然後再用尖銼修整。

圖一

圖二

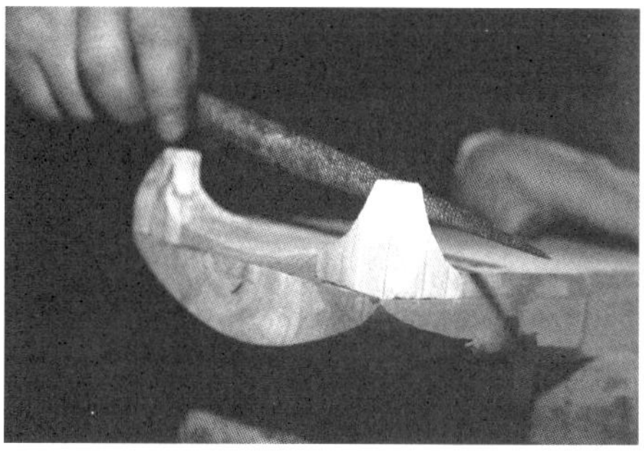
圖三

【七十八】

用筆畫出鳳舌輪廓綫。上下中心點各距琴面與底板約零點五厘米，長約十厘米。

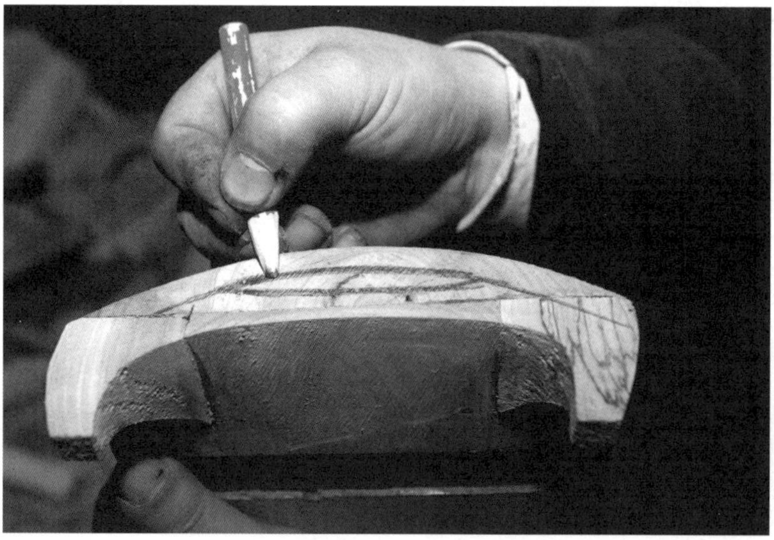

【七十九】

用鑿子鑿制鳳舌。注意槽中的鳳舌要略短於琴頭。

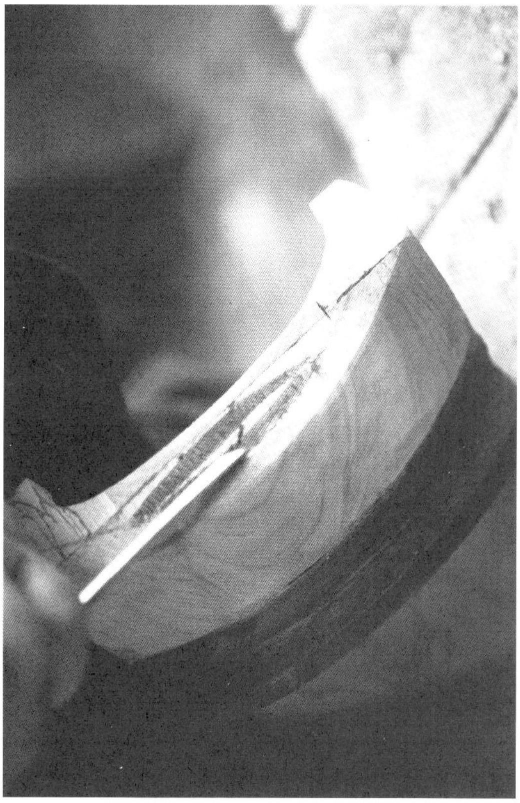

【八十】

按每弦相隔兩厘米的距離制出樣板，然後依照樣板用筆在承露上標出弦眼的位置。

圖一

圖二

【八十一】

用鑽按照畫好的弦眼位置垂直打眼，并鑽通軫板，然後用板銼修整。

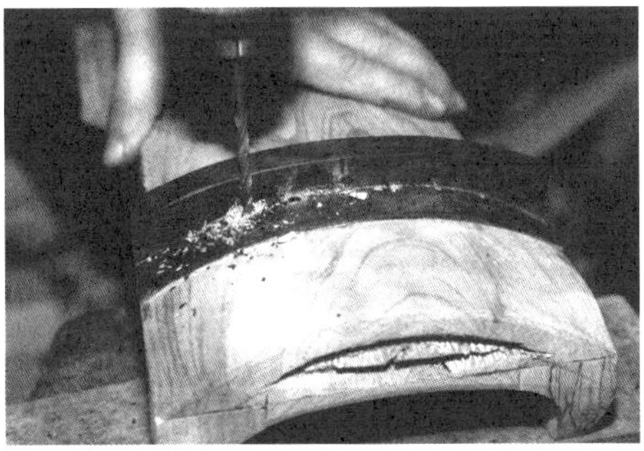
圖一

圖二

【八十二】 最後檢查斫好的琴胎是否需要修整。

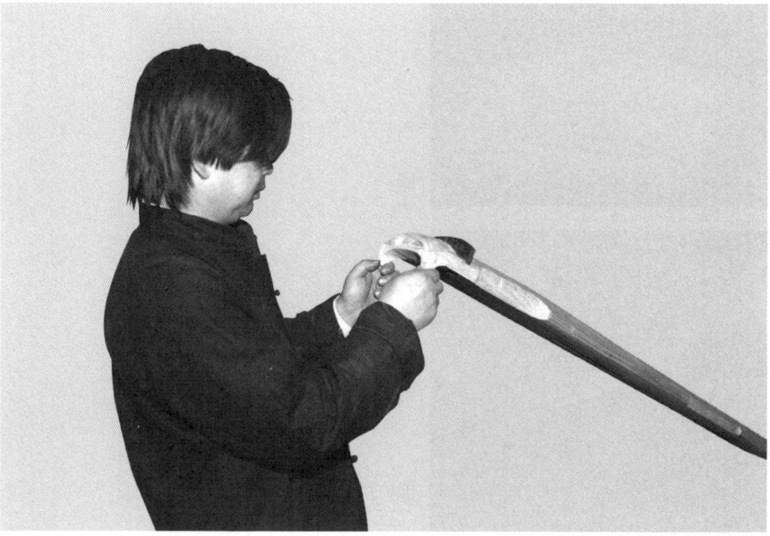

【八十三】斫制好的琴胎。

胎面

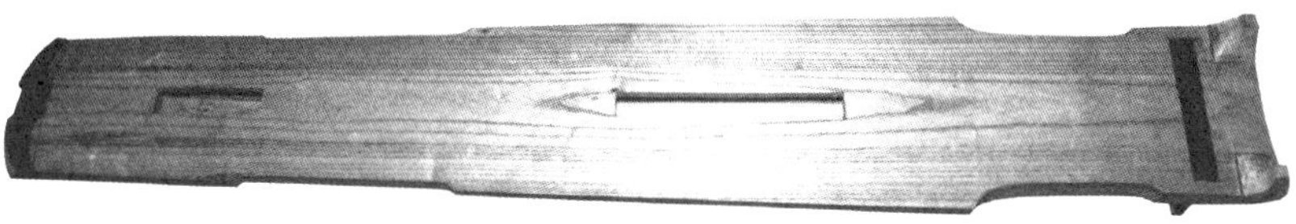

胎底

髹漆

髹，《漢書》顏師古注：「以漆漆物謂之髹。」髹漆，俗稱「上漆」「刷漆」「塗漆」。漆，指的是生漆，又稱大漆、土漆、國漆或天然漆；琴的髹漆則是將漆髹在斫好的琴胎上。琴的髹漆工藝主要有選漆、濾漆、布漆、垸漆、定徽、綴徽、糙漆、退光與推光等程序。

髹漆之前要將斫好的琴胎挂於乾燥的室內牆上晾置，時長以經四季爲宜。之後檢查琴是否變形，如有變形再用工具進行修整。然後將琴胎放於試音架試音，再根據音色來決定灰漆的厚度。音空則灰漆宜厚，音悶則宜薄。

髹漆

【選漆】

生漆是從漆樹中采集的乳白色的黏性液體。我國以陝西安康、重慶城口、貴州畢節、湖北毛壩所產的生漆最爲著名，也稱之爲四大名漆。

生漆從液體狀態到氧化乾固，色澤呈現由淺至深的變化，最後形成堅固的漆膜。古有「白賽雪、紅似血、黑如鐵」一說。在選擇上好生漆時要先觀察它的氧化過程，再觀察生漆的漆膜，若漆膜色澤黑亮堅實，花紋細而密則是上好的生漆；另外上好的生漆氣味有濃厚的清香味、果酸味，次漆則味淡。也可將少許生漆滴入盛開水的碗中，漆液呈螺旋狀或珍珠狀而不化開、不上浮也不下沉者爲上好生漆；滴入後漆液散開而有油花浮於水面，爲摻有雜質和其他油類的次漆或不純漆。如用少量生漆滴在紙上，再用火燒，無爆裂聲響的是較純的生漆，反之則是次漆。當今有將生漆摻入化學成份生成合成大漆，這種漆在琴的髹漆時不宜使用。

【濾漆】

生漆在使用前要把漆雜質過濾掉。傳統的過濾方法一種是使用絞漆架過濾；一種是將夏布做成袋，將生漆裝入用手擰緊布袋慢慢擠出漆液。夏布俗稱麻布，是用苧麻綫編織而成。如果使用少量生漆時，也可用過濾器進行濾漆。

使用過濾器濾漆

【布漆】

琴的布漆指的是用稀漆水裱糊麻布於琴胎上，俗稱「布布」「披麻」。此道工序因人而異，在對南北方斫琴工藝進行調研的過程中發現，布漆工藝並不是普遍運用，多因個人喜好來使用，古代琴書中也有「一應漆器多用布漆，琴則不用」之說，但布漆可以增強琴的牢度和平整度是業內共識。

布漆所用的材料通常使用麻絨和夏布。在布漆前要先量好尺寸，盡量避免有接縫現象。

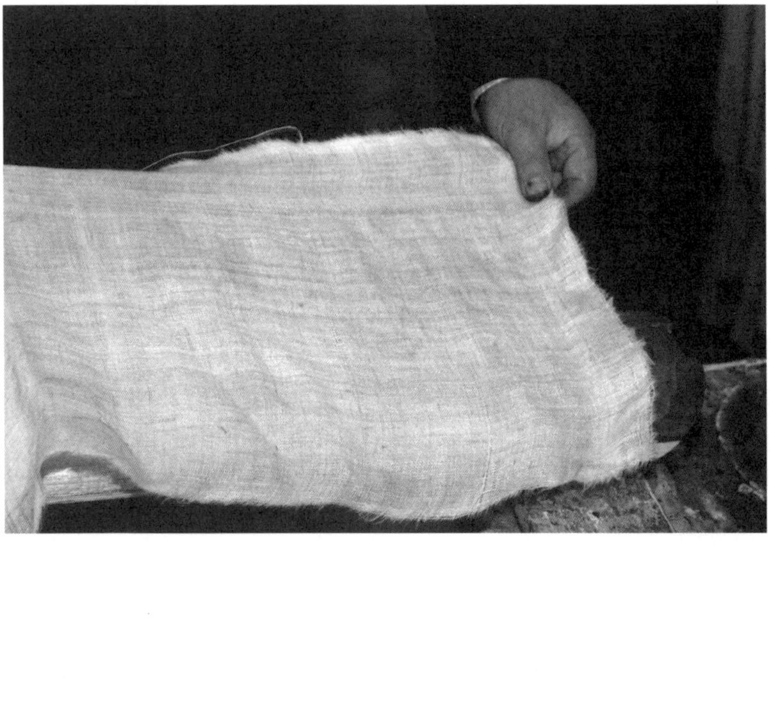

然後將稀漆水均勻的塗在琴胎上。稀漆水是在生漆過濾時加入少許煤油或鬆節油攪拌而成。

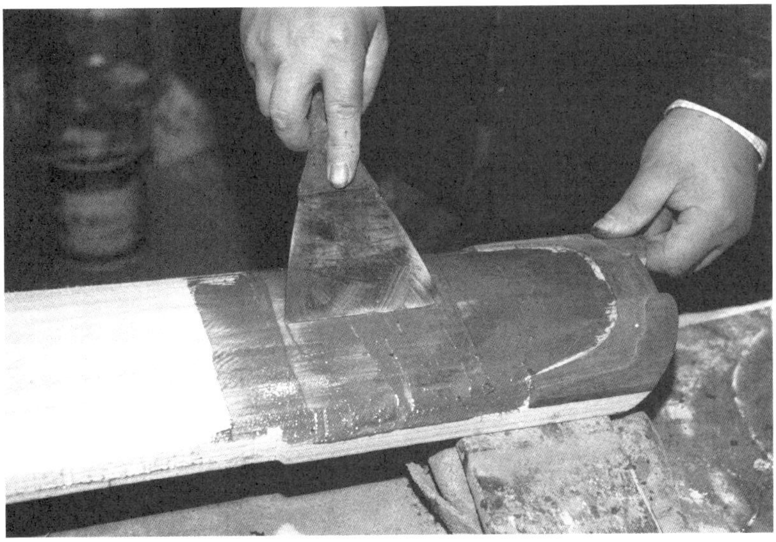

將麻絨或夏布裱糊在琴胎上。裱糊時要鬆緊一致，鬆的地方時間長了會使漆浮脫。之後在表面塗層稀漆水，用刮板將布面展平壓牢并將多餘的漆水刮淨，待乾透後才可垸漆。

圖一

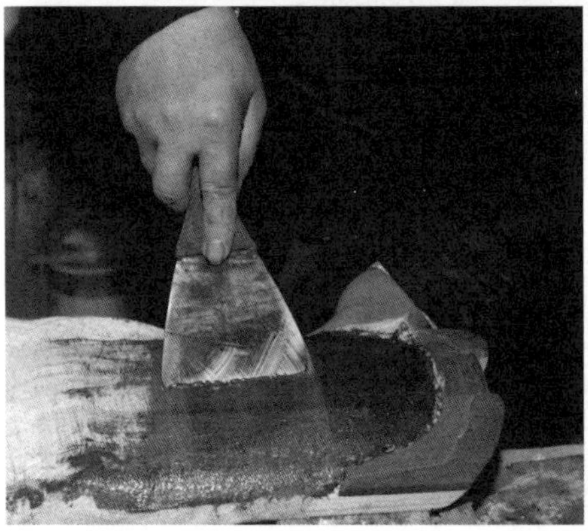

圖二

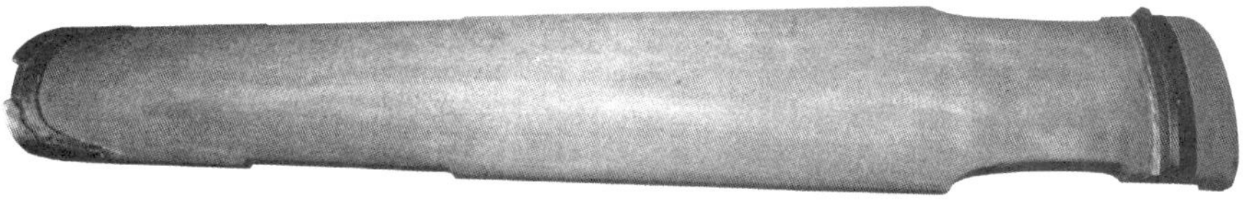

布漆完畢的琴

【垸漆】

垸漆，或稱灰漆，俗稱上膩子，也就是用灰漆在斫好的琴胎上作一層灰胎，以保護木質鬆軟的琴面，同時也有利於傳音。最常用的灰漆是鹿角霜、八寶灰、瓦灰、瓷灰。鹿角霜是用鹿角熬去膏脂，研碎成粉後與生漆調和而成，其質地堅固，不易磨損，時間越久，音色越透；八寶灰是用金、銀、珍珠母、孔雀石等數種珍貴寶石粉摻於鹿角霜中與生漆調和而成，其質地最爲堅硬；用瓷器粉末調和生漆制得瓷灰；磚瓦片粉末調和生漆制得瓦灰，兩者聲音較鬆透，但時久易磨損、易脫落。

八寶灰所用的部分材料

以鹿角霜爲例。先用不同目的篩籮，把鹿角霜分别篩成粗、中、細三種規格。通常傳統的髹漆工藝粗灰約爲六十至一百目；中灰約在一百二十至一百六十目左右；細灰在二百目以上。但琴的灰有别於其他，因要考慮到琴的發音，所以粗、中、細三種規格的灰要選用粗灰約爲八十目左右；中灰約在一百二十目左右；細灰在一百六十目以下爲宜。

粗灰

中灰

細灰

琴的垸漆過程通常有三遍，在調研過程也發現有用五遍、七遍之多的，但基本上前三遍依次爲粗、中、細灰的垸漆過程，後幾遍則是琴面局部補灰或精加工，不是全面做灰。

垸漆前先用紙將龍池、鳳沼在裏側蓋住，以防漆進入，影響落好的款識。然後調和灰與漆，灰與漆的比例要適中，以不稀不稠爲佳，稀則不易附着成型，稠則易皺皵脫落。

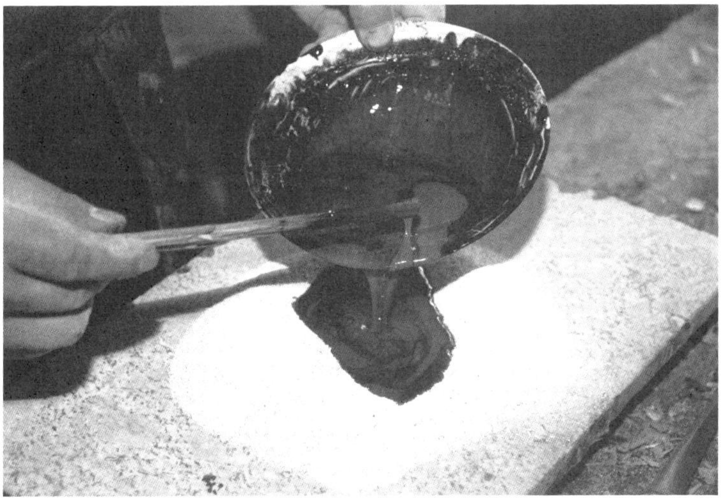

圖一

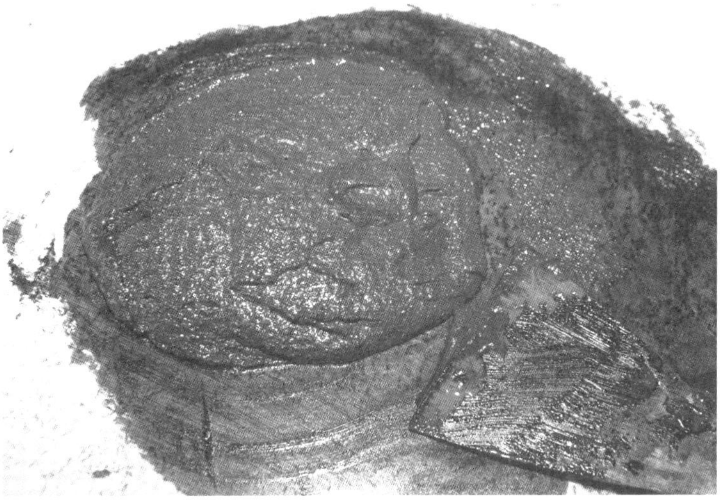

圖二

垸漆時灰要薄厚均勻。

圖一

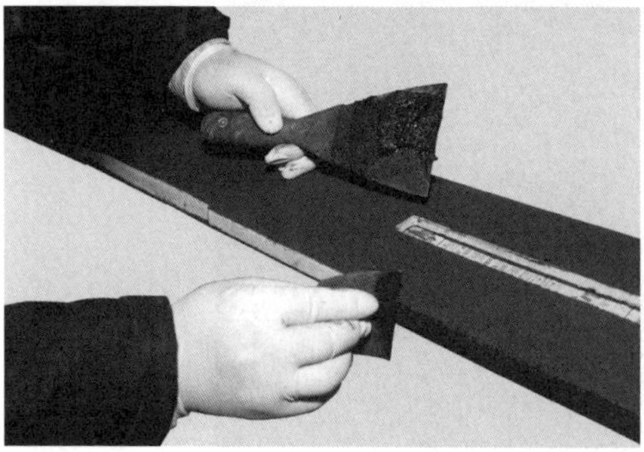
圖二

第一遍爲粗灰，俗稱「壓布灰」，漆面宜薄，乾後用粗磨石或較粗的乾磨砂紙略磨。

圖一

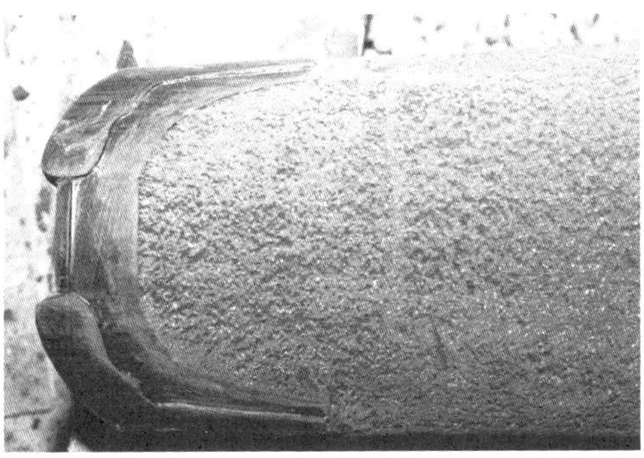
圖二

第二遍爲中灰。漆面宜厚，乾後用磨石蘸水打磨平順，或用較粗的水磨砂紙蘸水打磨。

第三遍爲細灰。漆面宜厚薄適中，乾後用細磨石蘸水打磨平順，或用細的水磨砂紙蘸水打磨。

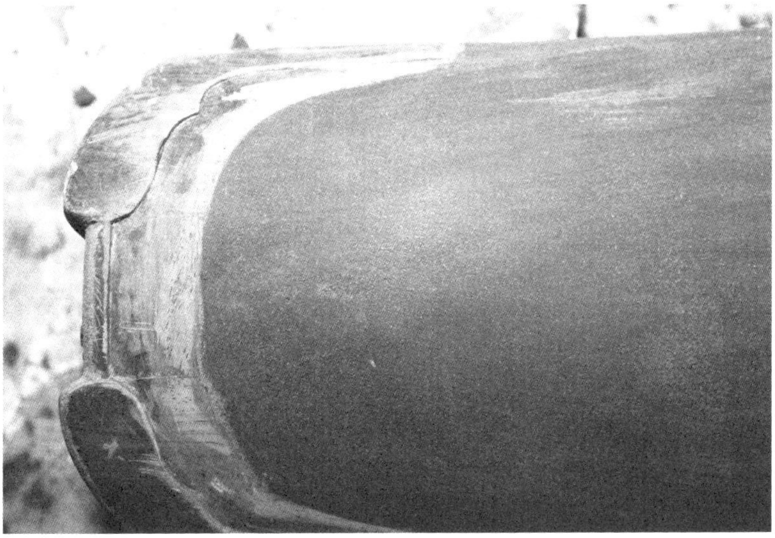

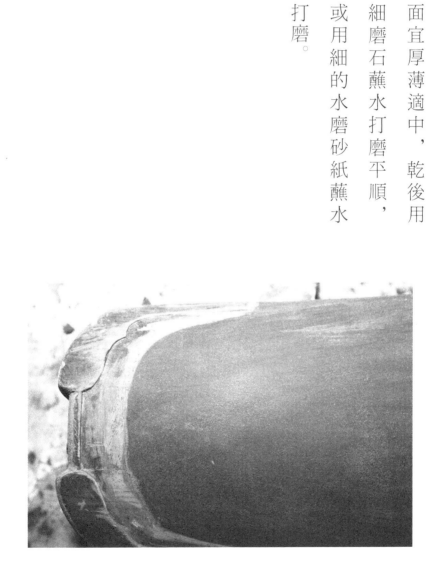

第三遍灰打磨完後，再用細灰對琴的棱角、邊綫及琴面的砂眼進行多次細補。乾後用毛巾蘸水將琴面擦淨，再依次用細漸至極細的水磨砂紙趁濕打磨，以琴面平順光滑，琴形對稱爲佳。

【定徽】

定徽即確定十三個琴徽的位置。

首先用筆在琴面上畫出徽綫。綫頭在一弦的弦孔向琴外一厘米處；綫尾在靠龍齦外一厘米處。

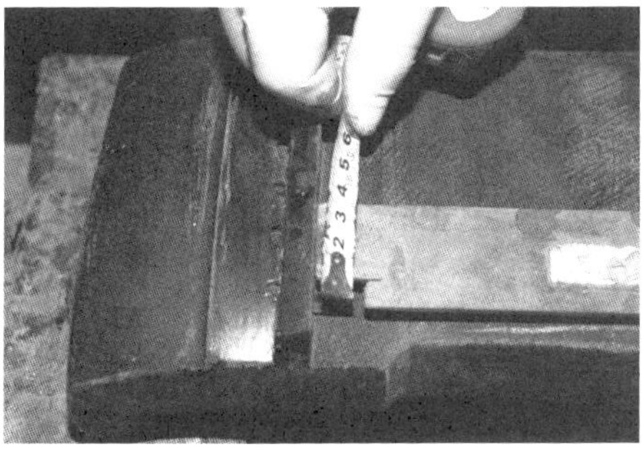

圖一

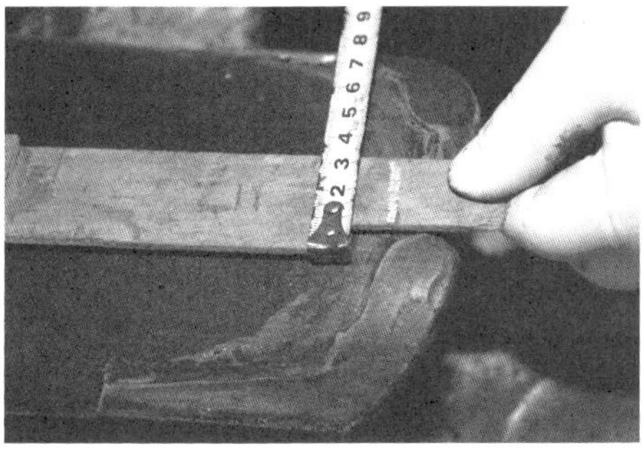

圖二

然後用尺量出有效弦長，再用筆標出各徽的位置。有效弦長的二分之一處爲七徽；八分之一爲一徽、十三徽；六分之一爲二徽、十二徽；五分之一爲三徽、十一徽；四分之一爲四徽、十徽；三分之一爲五徽、九徽；五分之二爲六徽、八徽。

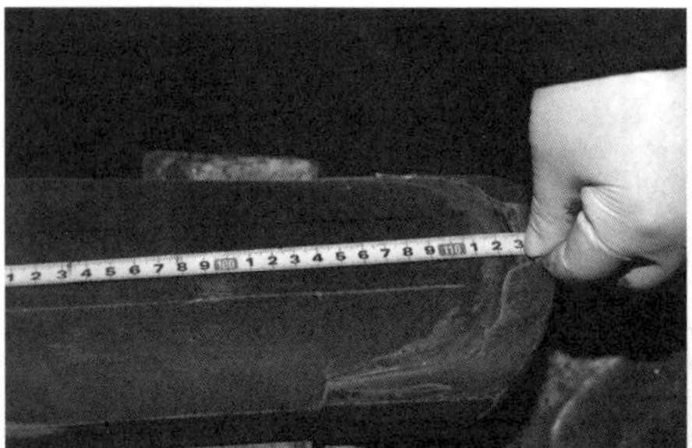
圖一

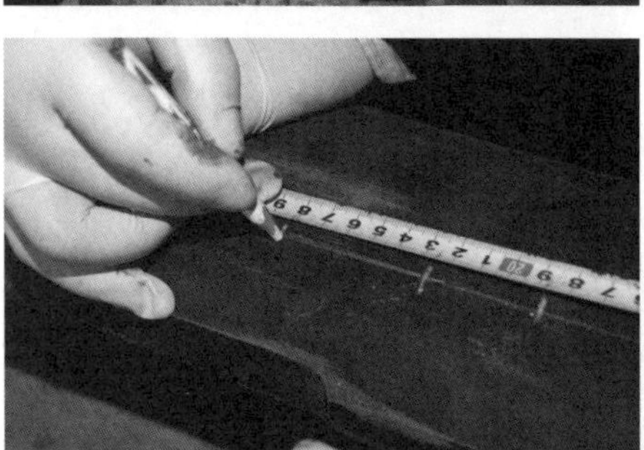
圖二

爲便於定徽，現將常用的有效弦長所對的徽位尺寸，制表於左：

常用有效弦長定徽對照表

單位：厘米

1/8	1/6	1/5	1/4	1/3	2/5	1/2	有效弦長
一徽 十三徽	二徽 十二徽	三徽 十一徽	四徽 十徽	五徽 九徽	六徽 八徽	七徽	
13.25	17.67	21.20	26.50	35.33	42.40	53.00	106
13.63	18.17	21.80	27.25	36.33	43.60	54.50	109
13.69	18.25	21.90	27.38	36.50	43.80	54.75	109.5
13.75	18.33	22.00	27.50	36.67	44.00	55.00	110
13.81	18.42	22.10	27.63	36.83	44.20	55.25	110.5
13.88	18.50	22.20	27.75	37.00	44.40	55.50	111
13.94	18.58	22.30	27.88	37.17	44.60	55.75	111.5
14.00	18.67	22.40	28.00	37.33	44.80	56.00	112
14.06	18.75	22.50	28.13	37.50	45.00	56.25	112.5
14.13	18.83	22.60	28.25	37.67	45.20	56.50	113
14.19	18.92	22.70	28.38	37.83	45.40	56.75	113.5
14.25	19.00	22.80	28.50	38.00	45.60	57.00	114

【綴徽】

綴徽時要先用一厘米的麻花鑽頭在定好的徽位上鑽出七徽；用九毫米的鑽頭鑽出四徽、五徽、六徽、八徽、九徽、十徽；用八毫米的鑽頭鑽出一徽、二徽、三徽、十一徽、十二徽、十三徽。鑽頭的直徑也可依個人喜好而定，但不宜過大或過小。深度以鑽到木胎爲宜，徽位要正，十三個徽的中心點要在事先畫好的徽綫上，否則會影響音準。

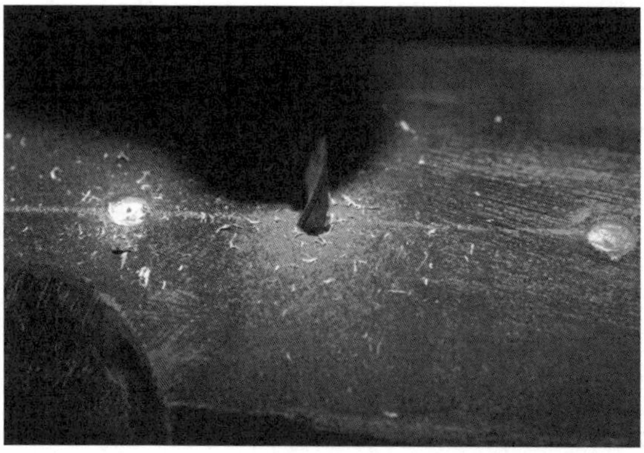

然後用空心鑽按照用一厘米、九毫米、八毫米的鑽頭在選好的徽材上鑽出相對應的徽。徽的厚度約爲一至一點五毫米。

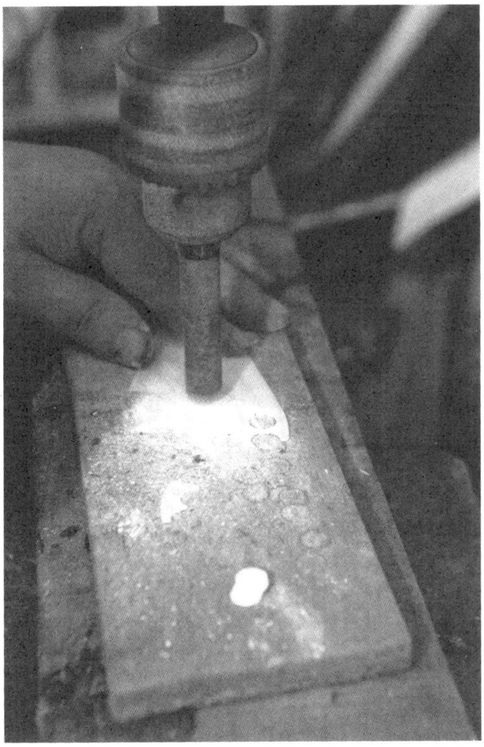

將徽的底部塗上膠，然後將徽綴在徽位上。待膠乾後再用細砂紙將琴面殘留的膠液和徽面打磨平滑。

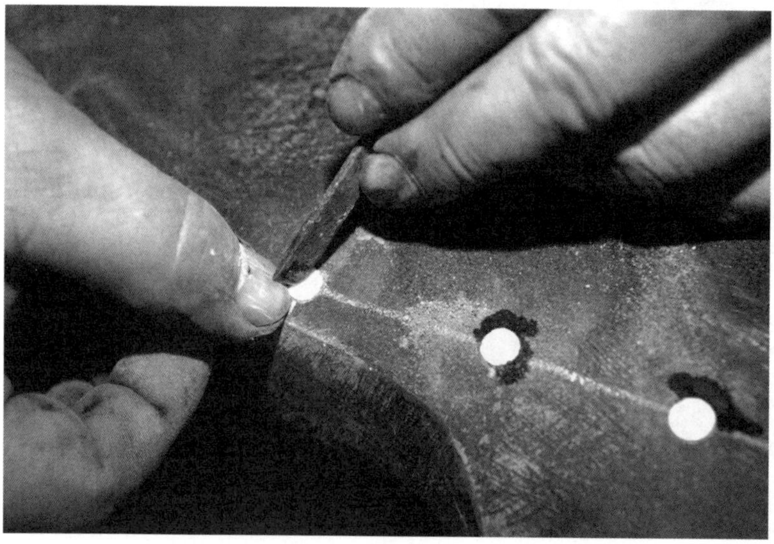

【糙漆】

琴的糙漆是在上灰漆的琴胎上塗漆的一道工序。琴糙漆的工藝與其他傳統的漆器糙漆工藝略有不同。一種是直接用多遍生漆擦在垸漆完畢的琴胎上，待乾後每遍都要用精細砂紙進行打磨。擦漆的遍數多少均有不同，但都在四十遍左右不等。在擦漆時，傳統糙漆工藝也有在生漆中加入烏鷄蛋清，使漆面更加肥厚光亮的做法。

擦漆的工具以眞絲布包棉團爲最佳。不可用易掉毛的布或其他絲團來擦漆，否則會使毛絨或零碎絲頭粘在漆面，影響漆膜質量。

圖一

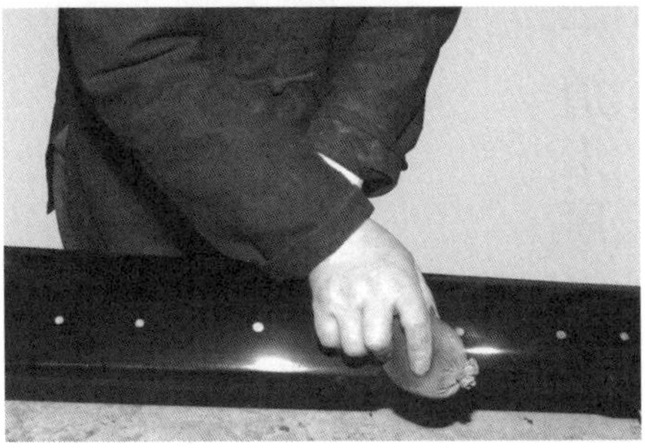
圖二

另一種是先在琴胎上擦一遍生漆，待乾後根據個人喜好選用推光漆，或在推光漆內加入顏料再用優質漆刷刷塗在琴上。推光漆是生漆進行再次加工精制而成。推光漆的種類主要有透明推光漆、半透明推光漆、快乾推光漆和黑推光漆。由於生漆本身色澤較深，加入顏料調配出色難度較大，所以琴的色髹工藝中通常選用推光漆中加入顏料進行。常見的方法有黑髹、朱髹、紫髹、罩髹等。

黑髹，髹黑漆，就是用黑推光漆做琴的面漆。黑推光漆的原色爲紫黑色，所以很薄刷塗在琴面上還不能達到正黑，刷塗時漆面厚才能達到正黑。黑髹前將油煎豬膽汁加入冰片與黑推光漆混和，可使黑髹色澤穩定、淳樸古厚。在傳統的方法中也有加入鬆烟、炭黑等黑色顏料與漆混和的做法。

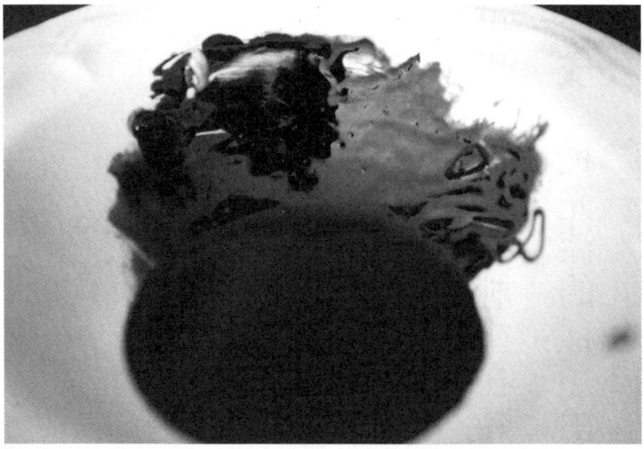
黑推光漆

朱髹，髹朱漆。琴的朱髹工藝通常用朱砂與半透明推光漆調和。調和時朱砂多漆少，顏色便鮮艷，反之則紅得深暗。漆面厚則琴整體呈現朱色，漆面薄再用細砂紙打磨平整時，底部會有少部黑色泛出，紅黑相間更顯得色澤自然。銀朱比朱砂要紅，整體髹在琴上會顯得過於明艷，所以通常用於在琴面上做點綴色。

紫髹，髹紫漆。紫漆的色澤介於黑漆與朱漆之間，其色會因選用黑色與紅色顏料材質的不同，在與漆調和時所產生的漆色也有所差別。如紅色選用絳礬時不及銀朱鮮明，調出的紫漆色澤上就有差別。傳世的琴中，唐至德年間所斫的「大聖遺音」琴就是通身的紫髹。

罩髹，髹透明漆。因傳統漆器在髹漆過程中常用透明推光漆薄擦在漆物表面，以使漆器的色彩更加明亮，所以稱這道工序爲「罩明」，透明推光漆也有被稱爲「罩漆」一說。另因琴有別與其他漆器，透明推光漆的運用因琴的不同用法也不相同。垸漆時選用八寶灰的琴，因八寶灰中摻入諸多寶石成份，垸漆後琴的表面色彩斑斕，極爲美觀。罩上透明推光漆能使八寶灰的原色顯現出來，所以本書將髹透明漆，稱之爲「罩髹」。

罩髹時，每髹一遍透明推光漆，待乾後需要用極細水磨砂紙或磨石打磨，最後退光或推光。如琴垸漆後，直接進入罩髹工序，透明推光漆漆面宜厚，如已進行過黑髹、朱髹等工序的琴漆面宜薄。

在整個使用生漆過程中，以生漆自然乾透爲最佳。如地處南方，選用悶熱潮濕的黄梅季節髹漆，更適宜生漆乾燥。北方濕度小，生漆乾燥時間長。可以制作蔭室或蔭櫥，再裝上恆溫恆濕的裝置來增加濕度。通常溫度控制在攝氏二十五度至三十度，相對濕度控制在百分之七十五至百分之八十，最適宜生漆乾燥。如條件不允許，可用竹席、布等物品在琴四周圍住，然後在地面和圍擋物上噴上水，制成簡易蔭室。

漆髹在琴上後，通常在溫濕的空氣中，約三到四個小時可以固定，此時宜平放。如掛置於牆面會使漆液流動，使琴面不平整。檢查漆是否乾燥的方法是用脱脂棉纏在筷子一端，輕敲漆面，無棉花纖維黏着，即爲乾燥。

【退光與推光】

糙漆結束後，琴面經過精細打磨，還會有細微不平的痕迹，傳統去除這些痕迹的方法有兩種，一種是退光法，一種是推光法。

【退光法】

退光可用女性長發揉成團，蘸水拌細香灰擦磨去漆面磨痕，再用生油擦在漆面上，然後用發團蘸細香灰擦磨至漆面發熱，直至磨出柔和舒適的光澤。也可用老羊皮蘸芝麻油拌細香灰進行退光。現今也有軟布蘸砂蠟和光蠟配套使用進行漆面退光的方法。

【推光法】

推光法是用細木炭粉調生油後，用皮膚細嫩的手掌在漆面上反復推揩。傳統的做法也有用老鹿角煆燒後，磨成細灰，用於推光。

由於傳統的退光和推光方法所用的時間較長，當今在進行退光和推光前，也有用機械帶動拋光布盤，蘸出光粉進行拋光，將成時再使用傳統的方法進行退光和推光。

絲弦制作

古今絲弦通常有三種規格，即「太古」（細）、「中清」（中）、「加重」（粗）；除膝琴和特大琴上用的絲弦要訂做外，一般都是選用以上的三種。此三種規格絲弦的選擇，要根據琴的音色和撫琴者的喜好來定。通常琴音略悶而不透用「太古」，音色略空用「加重」，音色中庸平和之琴則用「中清」之弦。

根據絲弦品質特性、撫琴手感及弦對音質產生的作用，可將上好絲弦的品質總結爲六種，即「六品」。

其一爲「潤」，即質感溫潤；
其二爲「勻」，即粗細均勻；
其三爲「清」，即絲紋清晰；
其四爲「順」，即手感舒順；
其五爲「潔」，即出音潔淨；
其六爲「中」，即宜剛宜柔。

絲弦制作有選絲，拼頭，打捻度，煮弦，曬弦，取弦、加纏等工藝步驟。

【選絲】

生絲是將蠶絲中的長絲通過繅絲而成。由於每個蠶繭的繭絲極細，在繅絲工序中必須把數根繭絲幷合成生絲；生絲光澤柔和，手感滑爽，柔軟而富有彈性，乾燥的生絲相互摩擦會產生出一種特有的悅耳聲響，稱爲「絲鳴」。當今生絲按質量好壞分爲若乾等級，以6A級爲最優，用以制做絲弦的生絲要以2A以上爲好。古代生絲多以綜、綸來表示規格，當今則根據生絲的直徑來表示。制作絲弦則選用20/22D或40/44D兩種規格的上等生絲。

【拼頭】

在拼頭過程中，我們把每根生絲稱之爲一頭，要先按每輪四頭至四十頭不等的數量準備好絲頭，以便打捻度時用。

【一】

拼頭時要先把選好的生絲，置於絲架上。

【二】將所需的絲頭通過兩個小環。

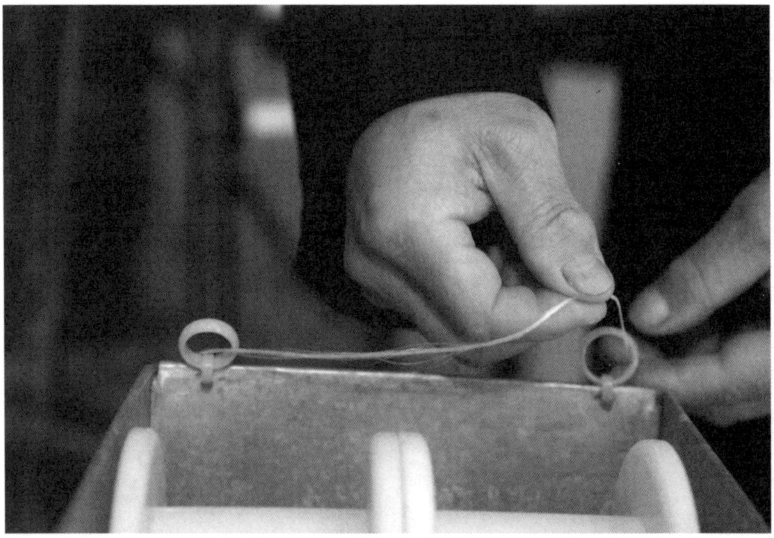

【三】

將絲頭纏繞在筒子上，勻速搖動絲輪，使每筒不等數量的絲頭能夠均勻纏繞在筒子上。

拼頭這道工序應注意絲頭通過的小環要表面光滑，否則對生絲表面造成損傷，直接影響絲弦的品質。搖動筒子時不可突然用力或用力不均，否則易使生絲斷裂。

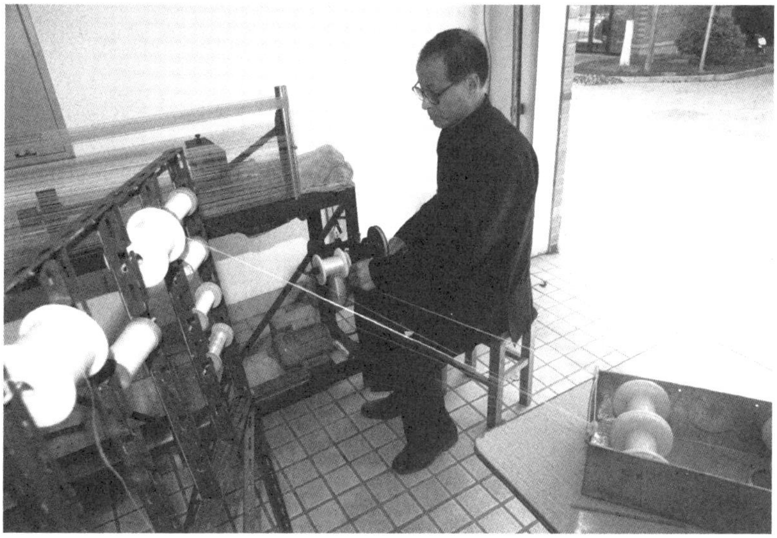

【打捻度】

打捻度前要按制作絲弦的弦數來計算所需絲頭的數量，琴弦不同所需絲頭的數量也不相同。爲便於打捻度，現將絲弦芯子規格、所需絲頭數及對應的琴弦種類、弦數等制表於左：

打捻度各弦所需要絲頭數對照表

絲弦芯子直徑（毫米）	選用40/44D規格所需絲頭數	加重（粗）		中清（中）		太古（細）	
0.80	32					7	
0.90	39			7		6	4
1.00	49	7		6	4	5	3
1.10	59	6		5			
1.15	66		4		3		
1.20	72	5					2
1.35	88		3		2		
1.40	94						1
1.50	110		2		1		
1.60	124		1				

注：一、如選用20/22D規格生絲所需絲頭數應加倍。
二、一至四弦在打捻度後還要進行加纏，此時均以此表所對數據爲準。

絲弦芯子直徑（毫米）表示此列數據是不同絲弦所對應的絲弦芯子的直徑，以毫米爲計量單位。絲弦芯子指的是加纏前的絲弦；40/44D爲生絲的規格；絲頭數則表示制弦時所需的生絲數量；加重（粗）、中清（中）、太古（細）三種琴弦規格所屬的三列表格中的數據則是弦數；因一至四弦要在打捻度後進行加纏，所以單列一列。

以中清（中）一列爲例，中清規格的七弦如用40/44D規格的生絲制弦，需要三十九頭生絲，如用20/22D規格的生絲制弦，所需絲頭數應加倍。生絲經過打捻度、煮弦、曬弦後，因七弦不需要加纏即成成品絲弦，此時絲弦直徑零點九毫米；六弦如用40/44D規格的生絲制弦，則需要四十九頭生絲，如用20/22D規格的生絲制弦所需絲頭數應加倍，成品六弦直徑爲一毫米。四弦則與六弦相同，之後再進行加纏。其他琴弦均以此法類推，此表均不含加纏後的直徑。

【一】

每次打捻度祇針對一種弦的制作，所以所需絲頭也不相同。要先核算出所需絲頭數，再將每筒不同數量的絲頭挂於絲架上，將兩股生絲通過水箱中的清水，這樣生絲被清水的滋潤後，絲質會更加潤滑。

【二】

在距十米處放置後夾竹，將兩股生絲經後夾竹繞回原處，然後剪斷絲架上的生絲，將四個絲頭分別系在打綫車上的四個錠子上。

圖一

圖二 後夾竹

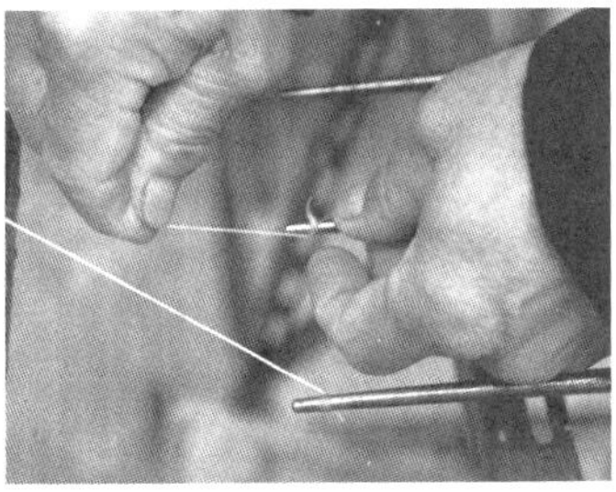
圖三

圖四 打綫車上的錠子

打綫車主要由一個馬達、四個錠子和一個帶四個輪子的鐵制架子制成。它的原理是由一個馬達通過兩根皮帶傳動，使固定在架子上的四個錠子勻速轉動。下面的四個輪子是在轉動過程中，絲弦收緊時便於向前推動打綫車。因在制作過程中要經常用到水，所以此地用塑料袋包住馬達，起到簡易防水的作用。

打綫車

【三】

用棉布蘸清水裹住生絲輕勻滑動，使整條生絲濕潤透。

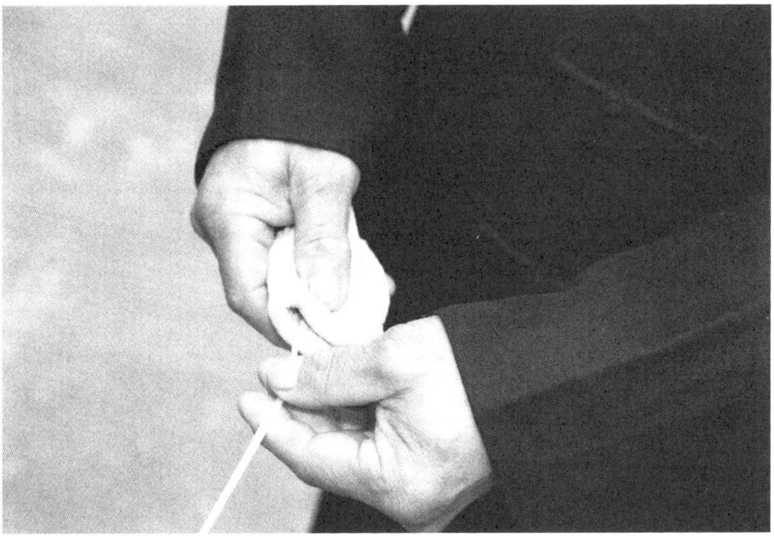

【四】

古代多用手搓制絲弦，這樣如不是技能極高的制弦師，很難制出粗細均勻、絲紋清晰的上好絲弦。當今用打綫車代替可以彌補手工的不足。

在轉打綫車前先用手將生絲拉直，使絲更均勻，然後逆時針轉動，并勻速向前推進打綫車至生絲纏緊。之後將四個絲頭取下，合爲一股再纏在一個錠子上。

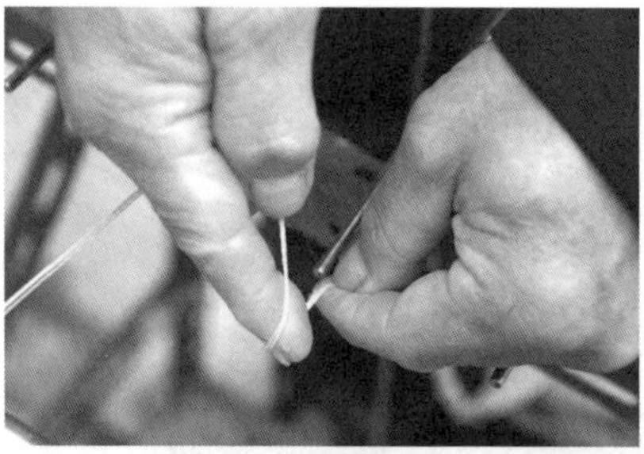
圖一

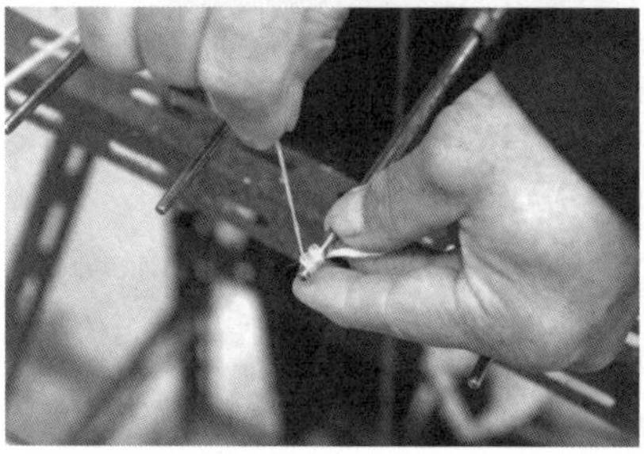
圖二

【五】

將木十字穿在四股絲綫中間，一手拿濕布裹住絲綫，從打綫車至後夾竹均速用力，使絲綫更均勻，防止纏繞打結。

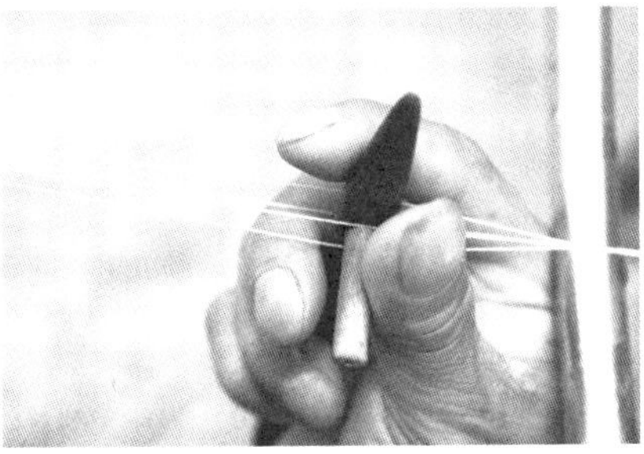
圖一

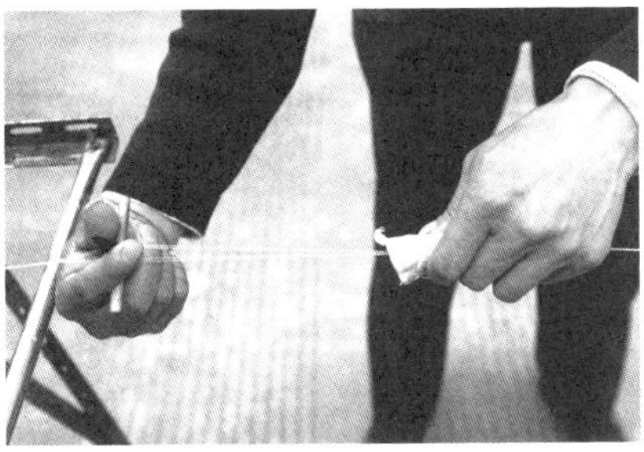
圖二

【六】

再次將生絲略拉直，之後順時針轉動打綫車，并勻速向前推進打綫車至絲綫纏緊，這樣絲弦就基本成形了。

【七】

兩人協力將絲弦從打綫車和後夾竹取下，兩頭對接打結。

【八】把絲弦纏在握輪上，系成一小捆。

圖一

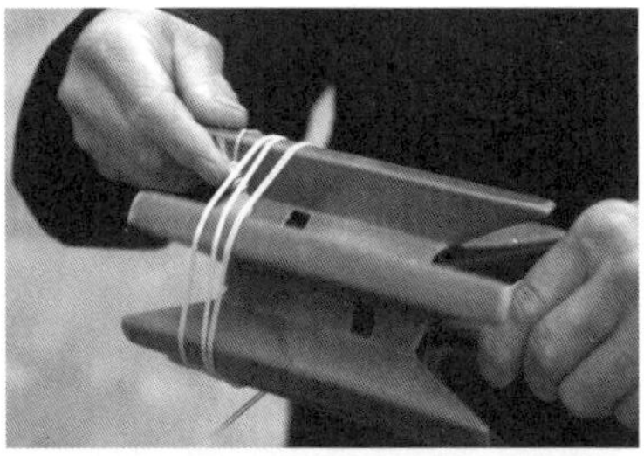
圖二

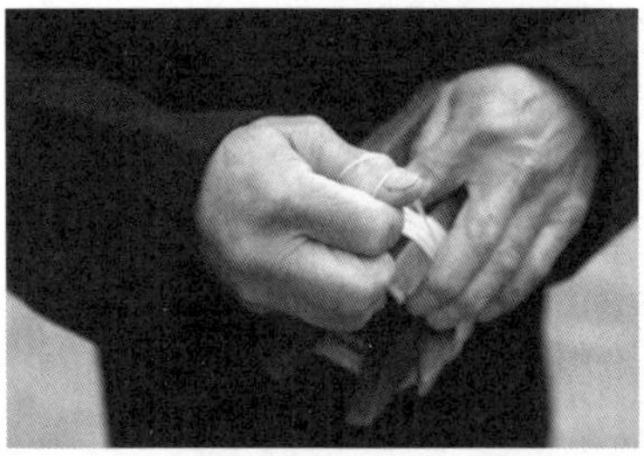
圖三

圖四

【九】

將系好的小捆絲弦放在腿上，搓成股，之後用綫將完成打捻度的絲弦串在一起。

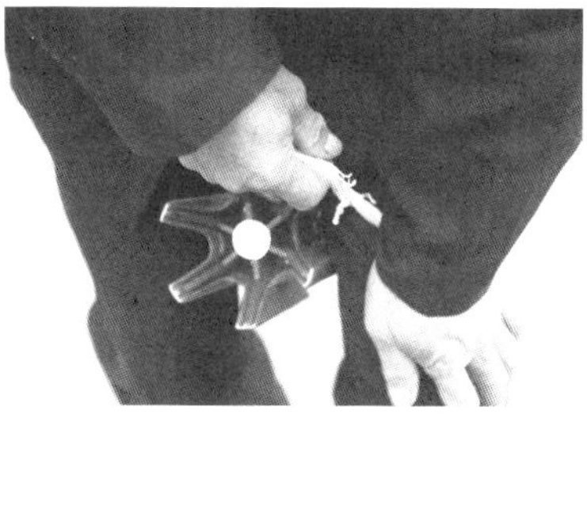
圖一

圖二

圖三

【煮弦】

俗稱燒綫。

【一】

按約一比八的比例將黄魚膠或骨膠加入鍋中，再加入涼清水，清水的量以能沒絲弦爲準。用武火將水煮沸後，把串起的絲弦入鍋煮半小時，煮弦時要不斷的攪拌，這樣上膠會更均匀。

圖一

圖二

【二】將煮好的絲弦放入盆中，加清水浸泡一下。

【曬弦】

【一】

取出一小捆煮好的絲弦解開繩頭，然後將一頭挂在拉綫椿上，兩個拉綫椿之間相距二點五米。

圖一

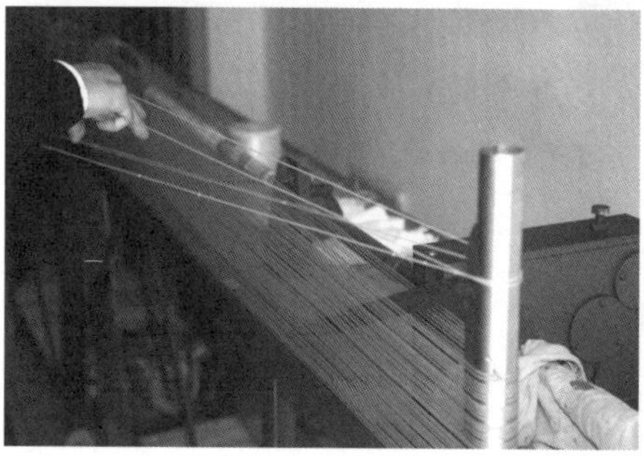

圖二

【二】

先用手拉直絲弦，再用挂鈎鈎住絲弦另一頭。

圖一

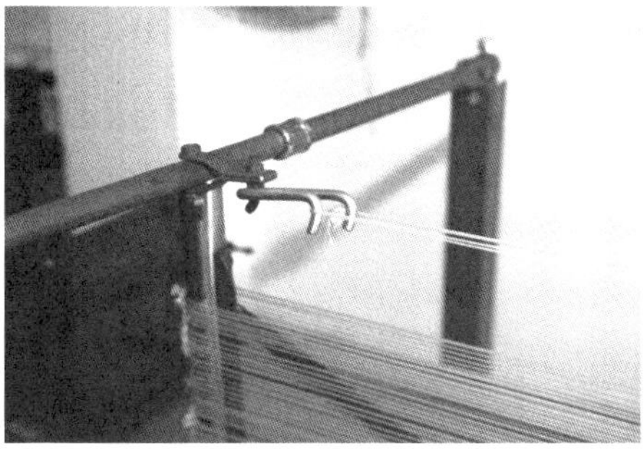

圖二

【三】

兩手協力拉動掛杆，將另一頭絲弦掛在拉綫樁上，之後取下掛鈎。掛杆是曬弦時爲了更加省力的將弦掛在拉綫樁上而專門制作，其制作原理較爲簡單。

曬弦應在室內進行，不可在陽光下暴曬。

圖一

圖二

古代的制弦圖

【取弦】

【一】

待絲弦水份乾透後，兩人合作將拉綫椿的絲弦取下。然後纏繞在手上，要特別注意防止打結或出現折痕，影響絲弦品質。

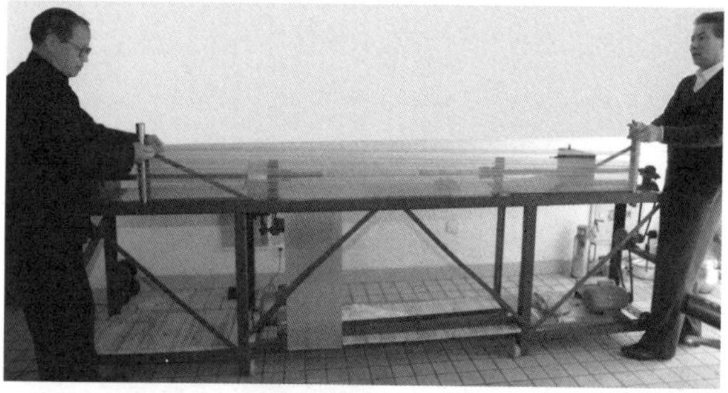
圖一

圖二

【二】用繩將取下纏繞好的弦系住，并做好標記。

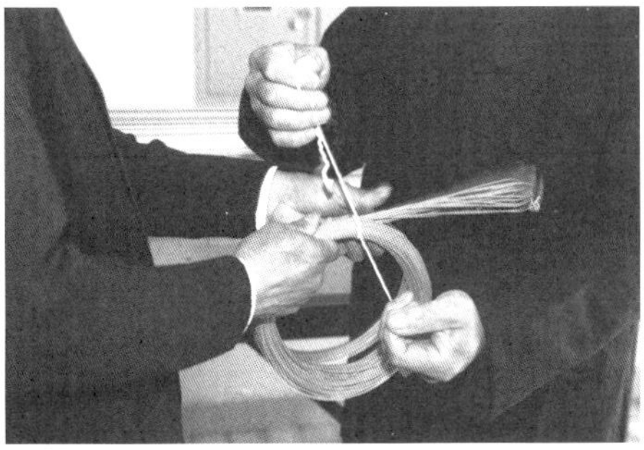
圖一

圖二

【加纏】

【二】

將批子用清水浸泡後，套在握輪上，然後再纏在坨子上，放進纏弦架。批子是用20/22D 規格的生絲按三十二和三十頭的生絲，經單股打捻度、煮弦後在太陽下曬乾而制成。單股打捻度是將算好絲頭的單股絲綫，經後夾竹系在打綫車上的一個錠子上進行的打捻度。三十二頭分別加纏在一弦與二弦上，三十頭分別加纏在三弦與四弦上。

圖一

圖二

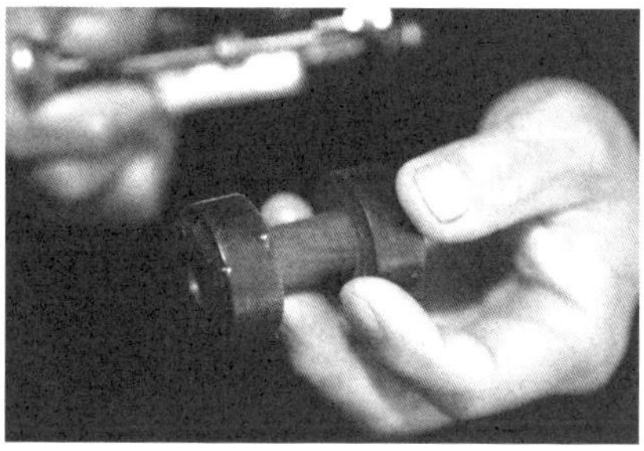
圖三 坨子

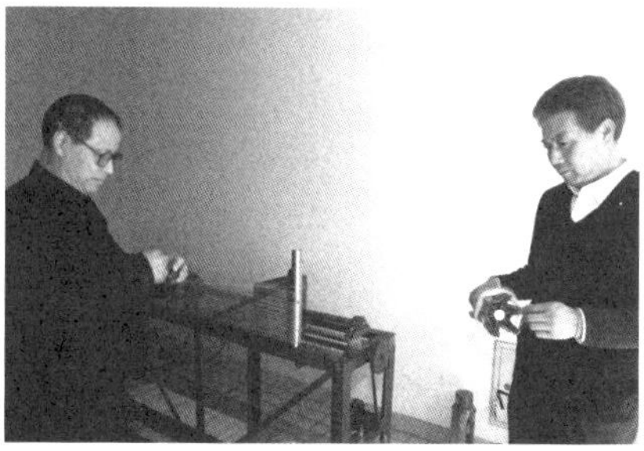
圖四

圖五 纏弦架

【二】

先將需加纏的絲弦芯子穿過纏弦架，然後系在纏弦機兩頭的鈎子上并拉直絲弦。

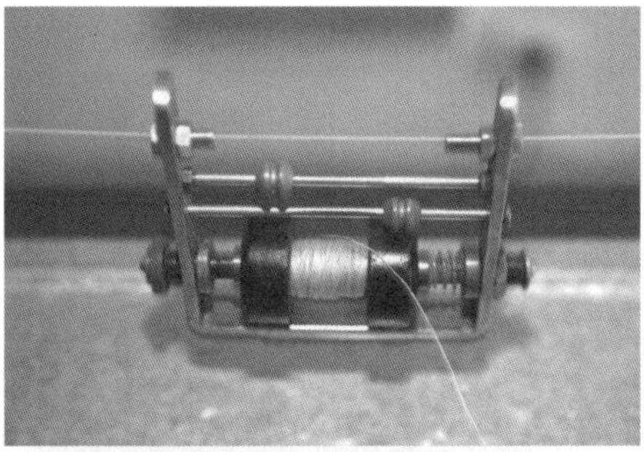

圖一

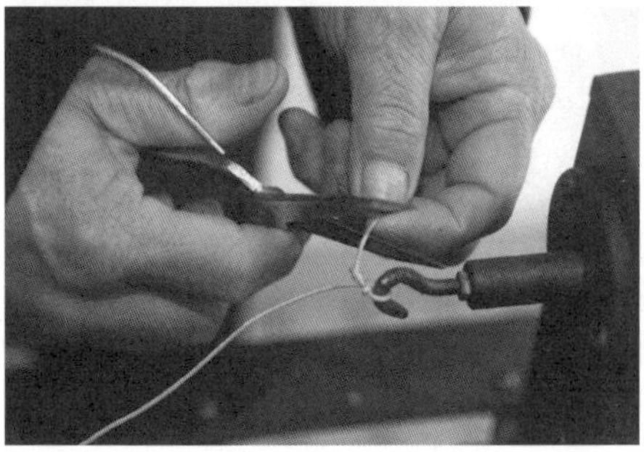

圖二

【三】

將白芨和天門冬按二比一的比例加水熬制成粘稠狀後冷卻，用棉布蘸上熬制的汁均勻塗在需加纏的絲弦芯子上。

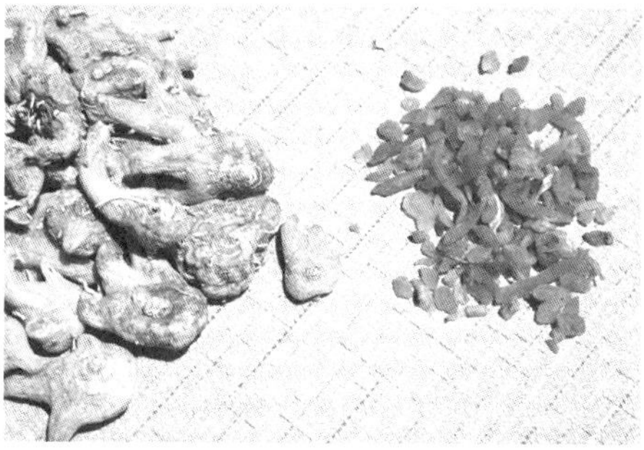

圖一 白芨和天門冬

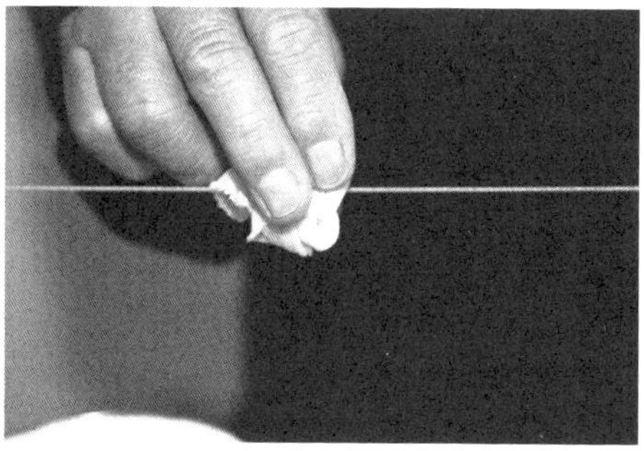

圖二

【四】

把批子的綫頭沿纏弦架的兩小輪凹槽纏在絲弦芯子上，打結後用刀割斷。

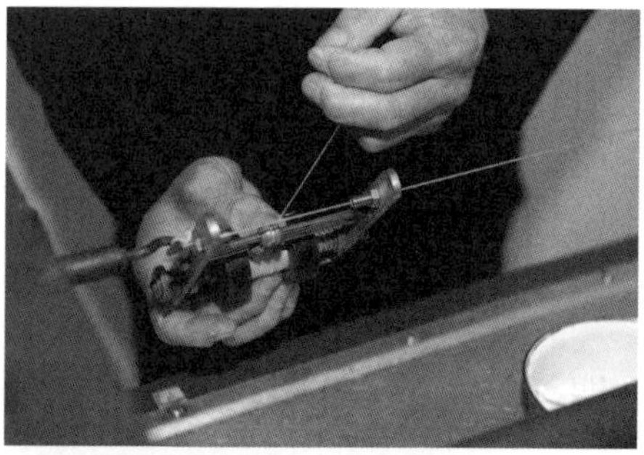

圖一

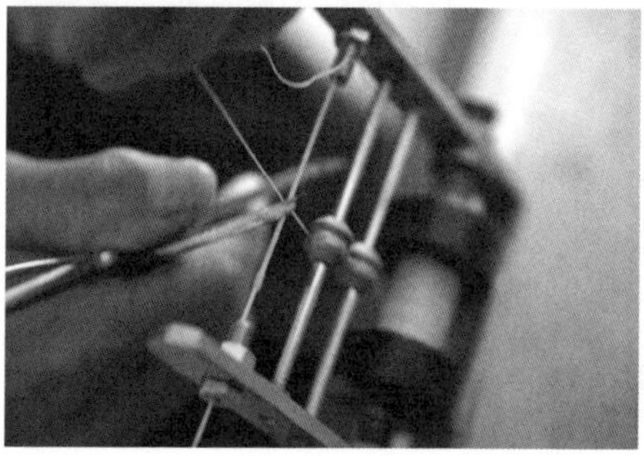

圖二

【五】

傳統的纏弦法是用手握纏弦架兩端的絲弦芯子，然後抖動使纏弦架旋轉，將批子均勻地纏繞在絲弦芯子上。

【六】

現代的纏弦法是用機械輔助完成。用電動方式旋轉絲弦兩端的鈎子，帶動絲弦芯子旋轉，使批子均勻纏繞在絲弦芯子上。相對於傳統的方式，前者對制絲師的經驗與技巧要求極高，而采用電動方式替代人工會更加簡便，纏弦也更加均勻。

圖一

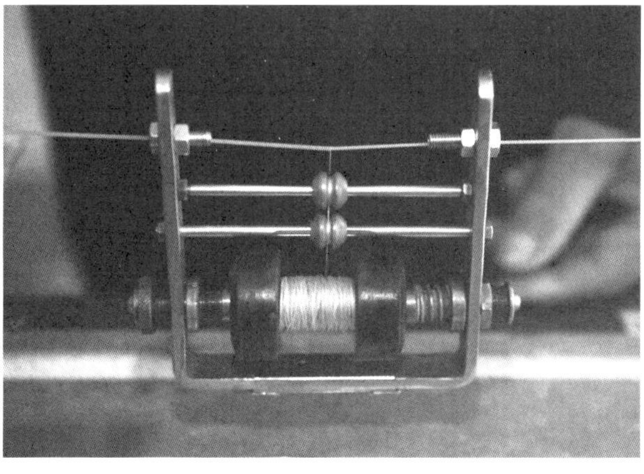
圖二

【七】

絲弦芯子加纏結束後，用手指將批子綫拉出，再用剪刀剪斷後打結。

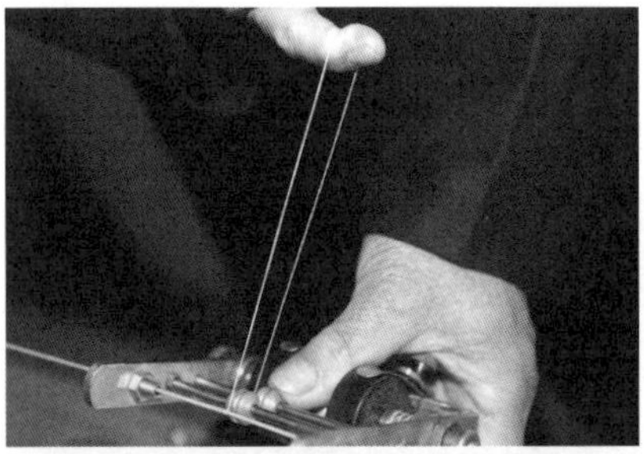

圖一

圖二

圖三

【制成】

【一】把制好的絲弦纏繞在握輪上。

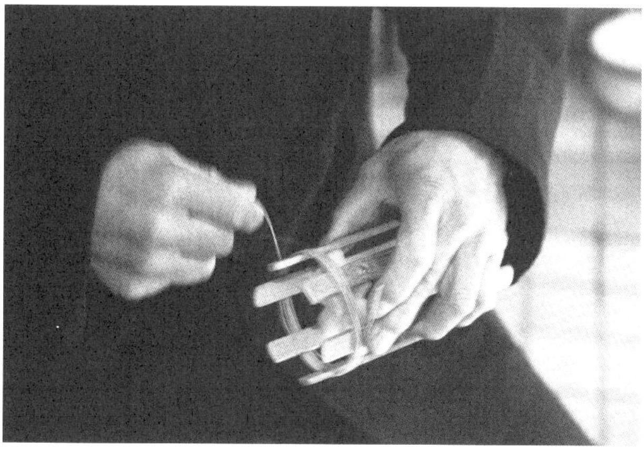

【二】用綫將弦圈兩邊系上。

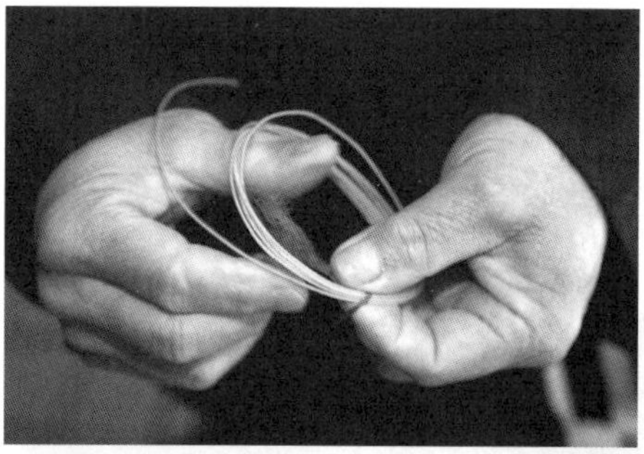
圖一

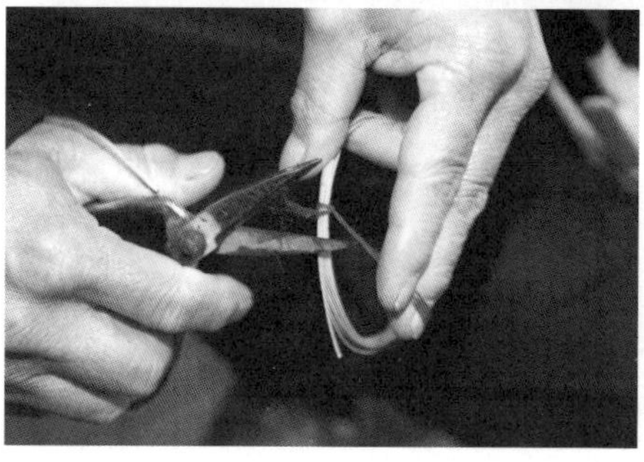
圖二

【三】成品絲弦。

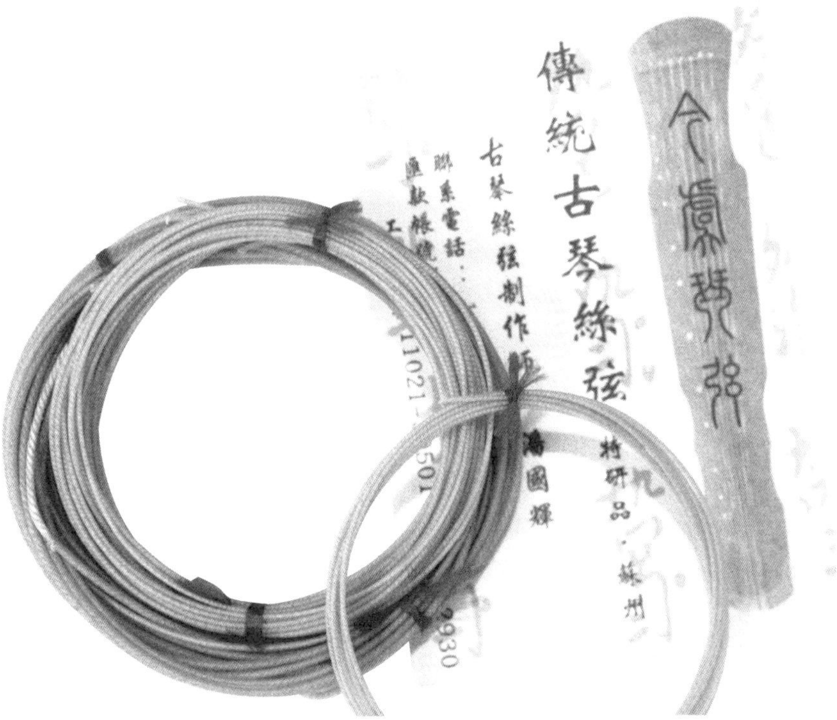

上弦法

上弦法

琴的上弦通常是在琴髹漆結束後進行。

上弦法主要包括絲弦和鋼絲弦的上弦法，兩種弦的上弦方法略有不同。

【上弦前的準備工作】

在上弦前要先檢查琴面是否平整，再用琴弦或長的直尺架在岳山與龍齦上檢查琴弦的高度。琴弦過高撫琴時會產生抗指現象，過低則會打板。通常一弦七徽處琴弦的高度在五毫米，琴尾龍齦處琴弦高約爲零點五毫米。一弦岳山處的高度爲二厘米，漸至七弦處爲一點八厘米。在實際操作過程中，也要根據琴的琴面、低頭等情況酌情修整岳山及龍齦高度。通常新琴岳山高度要略高些，待琴使用一些時間琴性穩定後再將岳山逐漸調整到合適的高度。

修整岳山時，先用銼修整後，再用細砂紙打磨光滑。

圖一

圖二

之後把龍齦分爲七等份，再用尖銼銼出淺槽，以防止撫琴時琴弦跑弦。

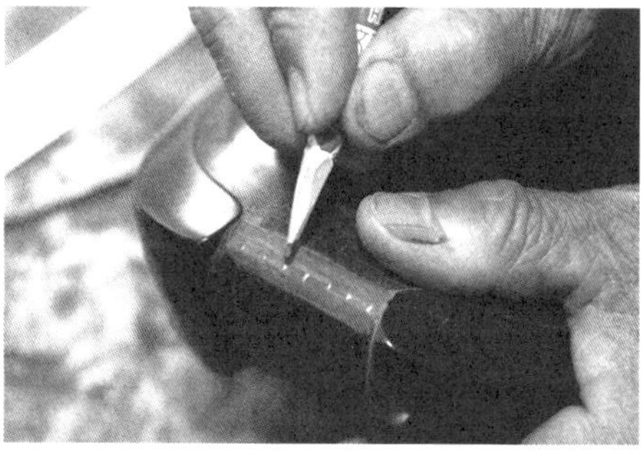
圖一

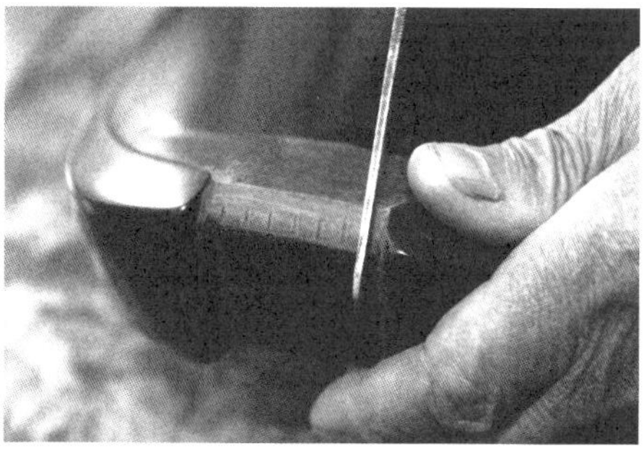
圖二

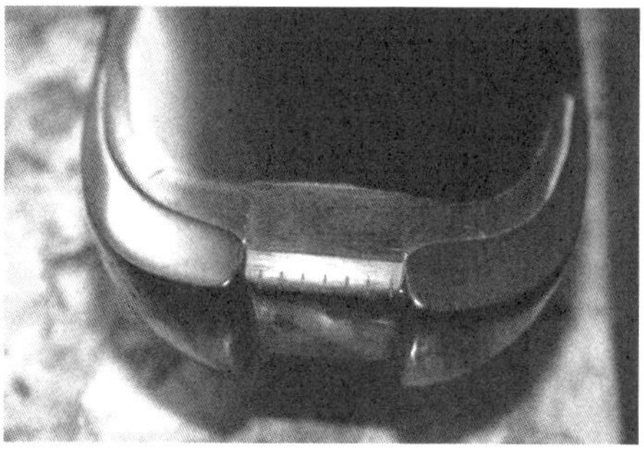
圖三

最後用粗砂紙把軫板打磨粗糙，用於防止琴軫打滑。

【打蠅頭結】

【一】

首先找到琴弦的頭部，絲弦頭部以紅點作爲標記；鋼絲弦的頭部則有加纏，比弦身要粗一些。

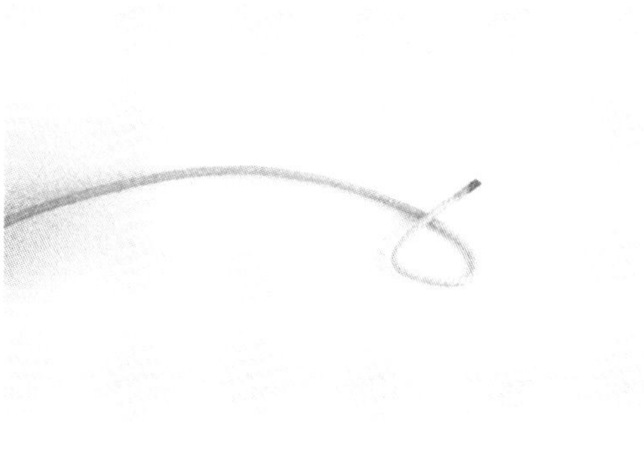
圖一 絲弦的弦頭

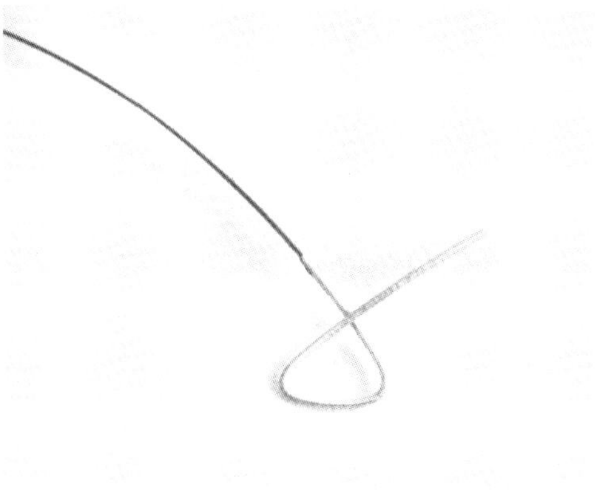
圖二 鋼絲弦的弦頭

【二】

打蠅頭結前，如打鋼絲弦則可先將鋼絲弦尾的鋼絲環挂在固定好的釘子或其他相應物品上，略拉直後再進行打結。這種方法便於打緊鋼絲弦的蠅頭結。絲弦也可以用類似方法固定。

【三】

打蠅頭結時，兩手將弦頭按順時針方向捏成扁圓型的圈。

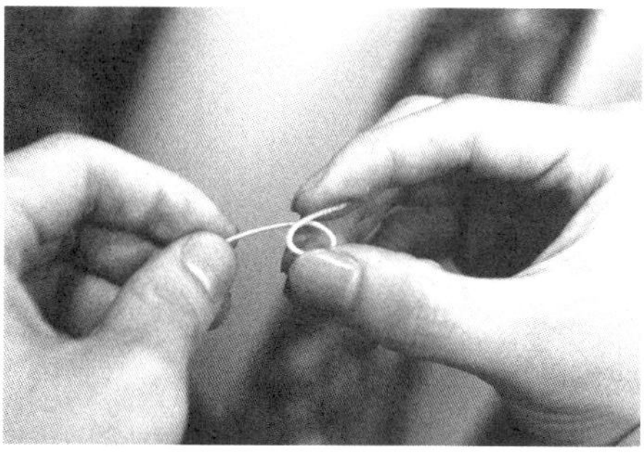

圖一

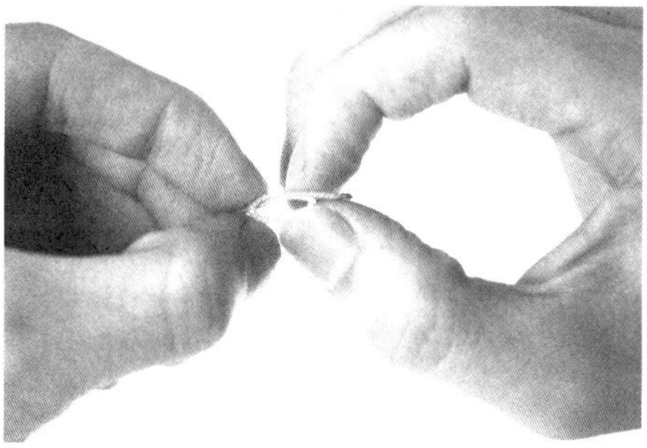

圖二

【四】

然後右手捏住扁圓型弦圈，也按順時針方向在距約三厘米處將弦再繞成略大的圈。

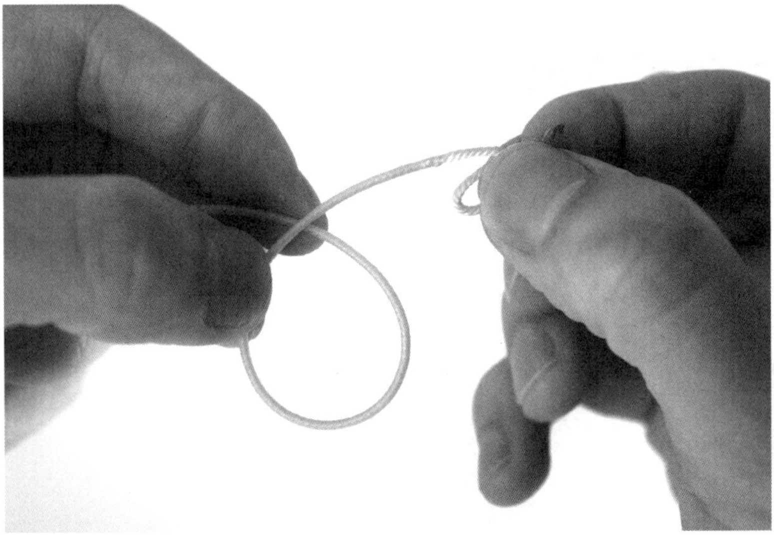

【五】

右手捏住的扁圓型弦圈，向右側反向掉頭繞在弦圈下方，再用兩手協力拉緊結頭。此時弦應在蠅頭結中間位置，應保持對稱美觀。

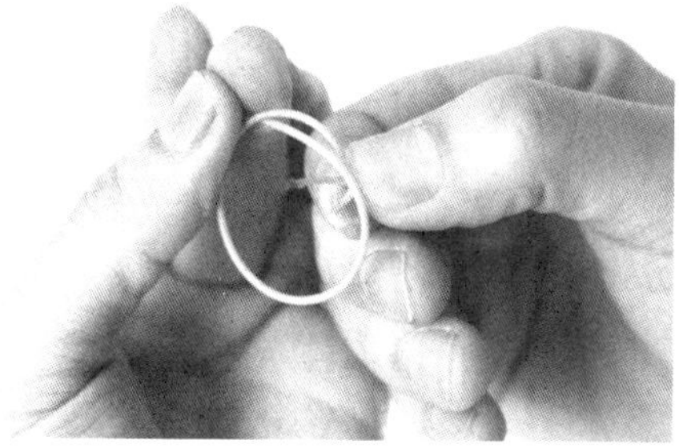

圖一

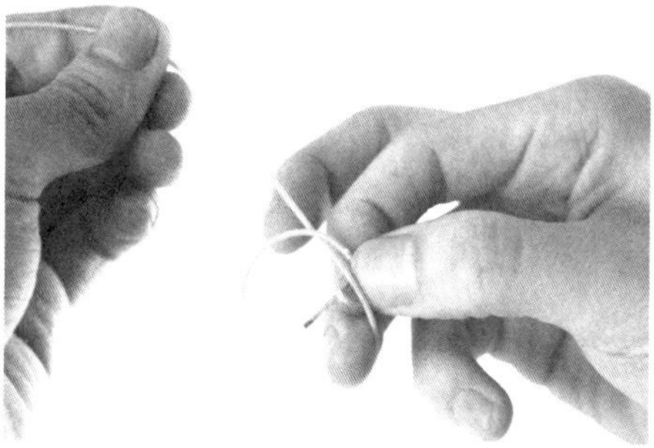

圖二

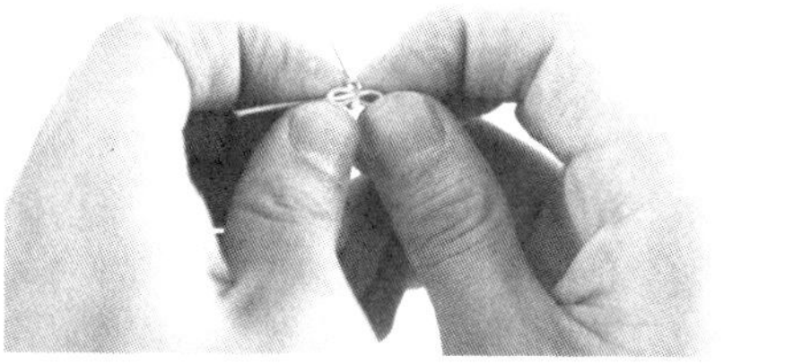

圖三

【六】最後用剪刀把多出蠅頭結的弦剪去。

【穿絨扣】

【一】

絨扣綫的材質主要有眞絲綫、尼龍綫和棉綫。穿絨扣前要先將合成股的絨扣綫搓制成中間對折的繩狀。

【二】

用長約十厘米的細弦穿過繩狀絨扣綫頭部後對折，再將絨扣綫從琴軫底部引出軫體。

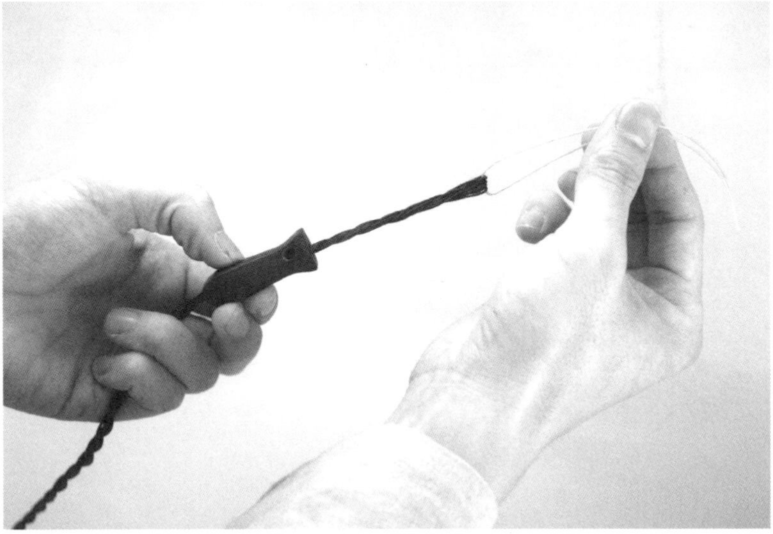

【三】

把細弦對折處從琴軫頸孔經頂孔穿出，再將絨扣綫頭部從細弦對折處穿出，用細弦從琴軫頸孔拉出絨扣綫。

圖一

圖二

圖三

【四】將拉出的絨扣綫順時針扭轉一周，套在琴軫頸部，然後拉緊絨扣綫。

圖四

圖一

圖二

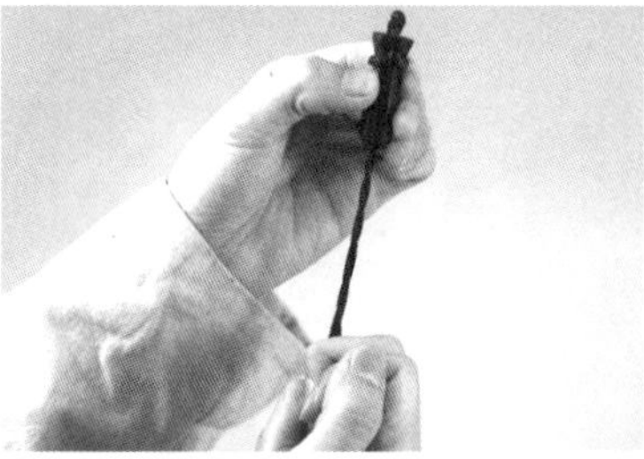
圖三

【上琴弦】

上琴弦時如選用絲弦，應在上弦前用蛋清擦在弦上，待晾乾後再上弦，這樣可以有效地保護絲弦。絲弦在使用過程中會出現起毛等現象，也可以用相同的方法定期養護絲弦。

上琴弦時如選用鋼絲弦，在上弦前用棉布蘸凡士林擦在弦上，這樣可以使鋼絲弦的音色更加溫潤。

上新弦時，大都要緊些，通常新弦要上幾次能才穩定。而舊弦則不宜過緊，特別是在上較細的六七弦時，太緊易斷。

【一】

用細弦或細鐵絲穿過絨扣綫頭部再對折，將絨扣綫從琴軫池的弦孔引出至岳山處，再將琴弦穿過絨扣綫，取出細弦。拉緊琴弦使蠅頭結與絨扣緊合，絨扣不可超過岳山內側。

圖一

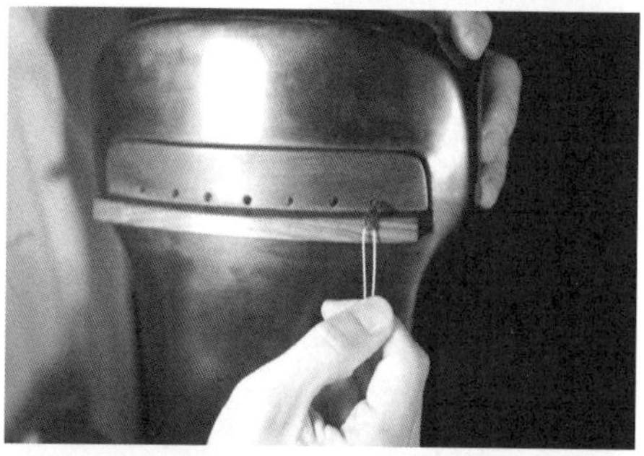

圖二

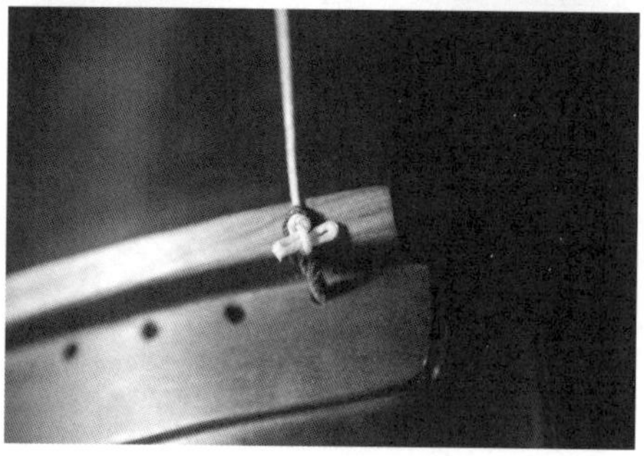

圖三

【二】

上琴弦時，先將柔軟材質的物品用作墊子，墊於地面或較矮的凳子上。然後將琴頭朝下放在墊子上，把琴軫按順時針擰至最鬆狀態。之後將蠅頭結調整好，把弦通過龍齦引到琴背面，再將一塊方巾卷緊，把琴弦尾部纏在方巾卷上。

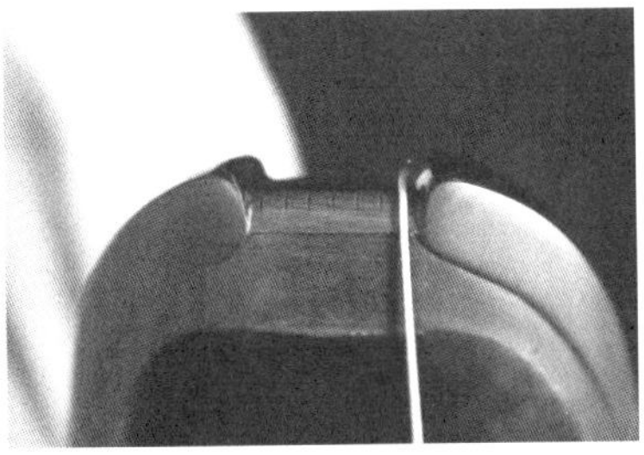
圖一

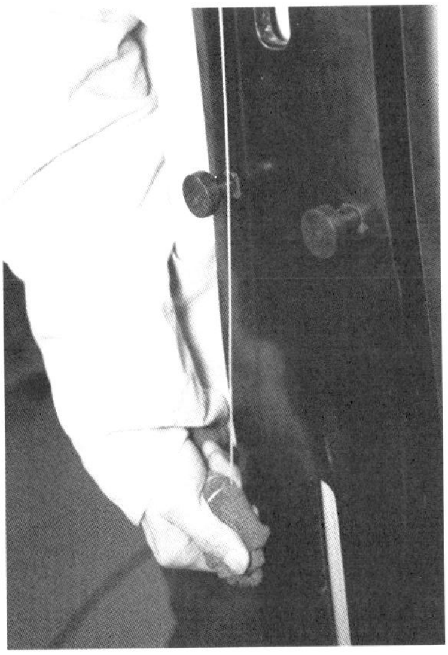
圖二

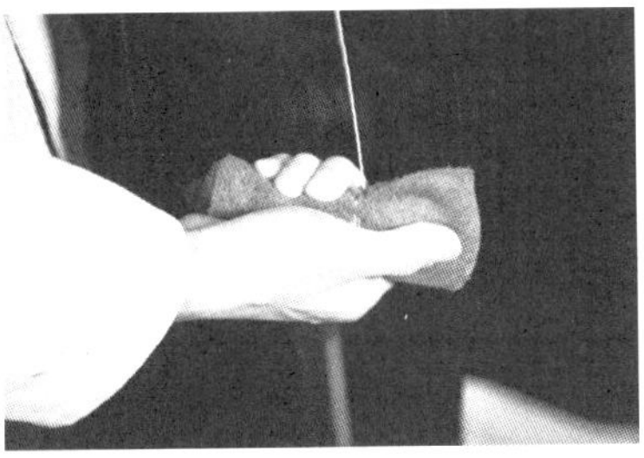
圖三

【三】

向下帶緊琴弦，然後纏繞在雁足上，此時保持均勻用力，不可鬆力。每繞一圈都以左手指幫助將琴弦貼近雁足根部，纏到琴弦尾部時，將尾部弦頭從琴弦下面穿過，并用力拉緊。

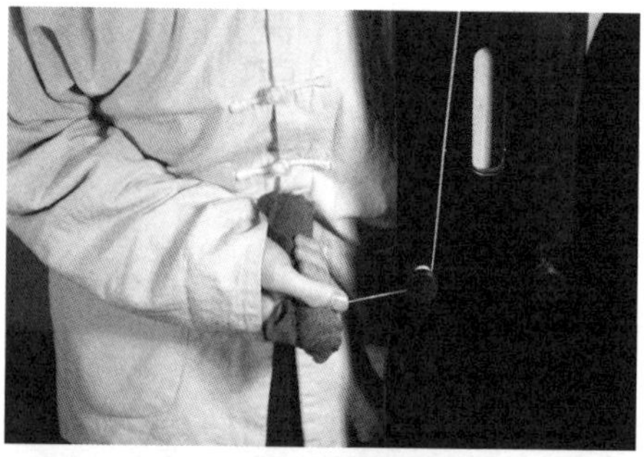
圖一

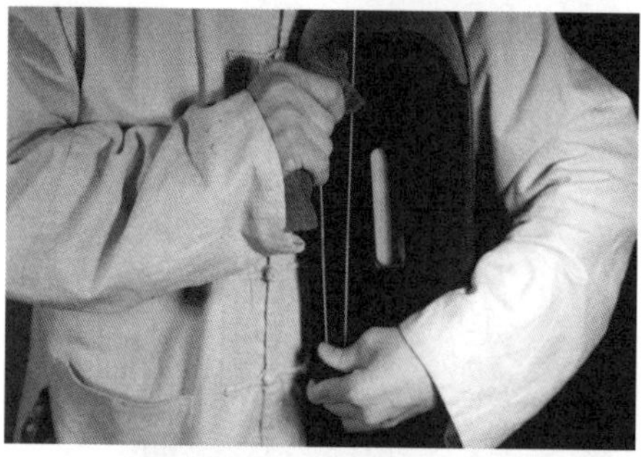
圖二

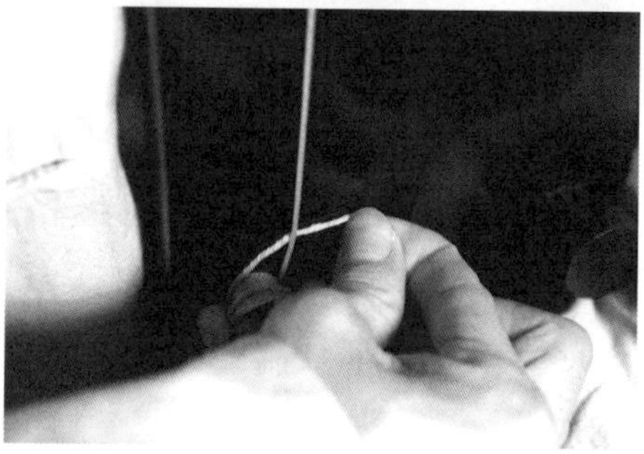
圖三

【四】

通常琴的一、二、三、四弦纏在外雁足上，纏繞時爲順時針。五至七弦纏在內雁足上，纏繞時爲逆時針。上弦時通常先上五、六、七弦，再依次上一、二、三、四弦。

定音調弦法

在調弦之前，應首先給琴定音。定音時通常用琴的五弦來進行。琴使用絲弦時，五弦要鬆緊合適，如五弦定音過高，七弦就易斷，過低則一弦張力不足，影響發音。

傳統的定音法幷沒有嚴格的音高限制，多根據撫琴者的經驗與喜好而定。通常根據琴的音色來選擇使用什麼樣的弦，定什麼樣的音高。正如要根據一個人的嗓音，來選擇與其相適應的歌曲風格一樣。傳統手工斫制出來的琴，每張琴的音色就如每個人的嗓音一樣各不相同。所以，在選擇琴弦與音高時也要根據琴音色的不同，選用適合琴本身的琴弦規格。除了可以選用絲弦的「太古」（細）、「中清」（中）、「加重」（粗）三種規格的弦外，也可以選用現代普遍使用的鋼弦。

現代定音法通常在使用鋼弦時運用。用西樂F調，五弦音高定爲A音，F調相當于傳統的正調，即仲呂調。一弦至七弦弦依次爲C、D、F、G、A、C、D。琴以五聲音階關系爲主，正調的一弦至七弦弦依次爲徵、羽、宮、商、角、徵、羽，相當於西樂sol、la、do、re、mi、sol、la。

琴的音高定好後，就可以依次進行上弦調音。上弦時的調弦方法和撫琴時的調弦方法略有不同。由於撫琴時的調弦法在諸多的琴學佳著中都有相應的講解，本書在此衹針對上弦時的調弦方法加以講解。

在上好五弦并定音後，再依次上六弦。散音六弦應與按音五弦十二徽的音高相同。調弦時用擰動六弦琴軫的鬆緊來調整六弦音的高低，直至與五弦十二徽的音高相同。初學者，耳力略欠，可用傳統的調弦方法「仙翁」二字相應來調弦。例如以散音六弦爲仙字，應以按音五弦十二徽的翁字。

上七弦時，散音七弦應與按音五弦十徽的音高相同。以散音七弦爲仙字，應以按音五弦十徽的翁字。

上一弦時，散音六弦應與按音一弦七徽的音高相同。以散音六弦爲仙字，應以按音一弦七徽的翁字。

上二弦時，散音七弦應與按音二弦七徽的音高相同。以散音七弦爲仙字，應以按音二弦七徽的翁字。

上三弦時，散音六弦應與按音三弦九徽的音高相同。以散音六弦爲仙字，應以按音三弦九徽的翁字。

上四弦時，散音七弦應與按音四弦九徽的音高相同。以散音七弦爲仙字，應以按音四弦九徽的翁字。

後記

中華琴學博大精深，源遠流長。自琴初創以來，名家輩出。文人騷客、帝王將相與琴結緣的典故更是燦若繁星。斫琴作爲琴文化中的一個重要組成部分，自古備受推崇。雖斫琴名匠歷代層出不窮，但斫琴之法多爲師徒口傳親授，秘不外傳，而眞正將斫琴方法集書成冊，在整個琴學歷史上卻爲數不多。《斫琴法式》一書的出版希望能夠起到記錄、研究、傳承斫琴方法的作用，爲中華琴文化的發展做出一定的貢獻。

在此首先要感謝中華先祖留下的寶貴琴學文化遺產，感謝孫慶堂、陶貴寶、潘國輝諸先生將自己的寶貴技藝無償奉獻於世人。感謝我的恩師楊青、李祥霆、劉揚、吳釗先生給予的教導。在此書撰寫過程中，銀漢晴、韓浩、張振光、歐劍、劉文傑、文冰、顧宜凡、痲廣林諸先生給予了很大的幫助和支持，我的忘年老友陳學政也一直給我鼓勵并關懷有加，在此一并致謝！

特別感謝本書攝影師杜一鳴先生同我奔波於大江南北，拍攝出如此高質量的影像資料！

本書不當之處，敬請批評指正！

慧 鵬

【主要參考文獻】

[明]黄成著，楊明注，王世襄編《髹飾錄》中國人民大學出版社2004年

[清]周子安編印《五知齋琴譜》中國書店2010年

王世襄著《髹飾錄解說》文物出版社1983年

中國藝術研究院音樂研究所，北京古琴研究會編《中國古琴珍萃》紫禁城出版社1998年

臺北市立國樂團《古琴紀事圖錄》臺北市立國樂團2000年

易存國著《中國古琴藝術》人民音樂出版社2003年

李祥霆著《古琴實用教程》上海音樂出版社2005年

俞磊，高艷編著《中國傳統油漆髹飾技藝》中國計劃出版社2006年

鄭珉中主編《故宫古琴》紫禁城出版社2006年

林西莉著《古琴》三聯書店2009年

图书在版编目(CIP)数据

斫琴法式/朱慧鹏著.—北京：知识产权出版社，2011.9

(2019.10重印)

ISBN 978-7-5130-0412-1

Ⅰ.①斫... Ⅱ.①朱... Ⅲ.①古琴-乐器制造—中国 Ⅳ.①TS953.24

中国版本图书馆CIP数据核字(2011)027897号

内容提要

本书以图文并茂的形式，实录当代南、北两位斫琴名匠的古琴制作过程和一位丝弦制作师的丝弦制作工艺，并对古琴琴式、选材、斫琴工具、试音、髹漆、制弦、上弦法等方面作了详细介绍。

责任编辑：黄清明 高 超　　责任校对：韩秀天

装帧设计：正典设计　　责任印制：卢运霞

斫琴法式

Zhuoqin Fashi

朱慧鹏 著

出版发行：知识产权出版社有限责任公司　　网　　址：http://www.ipph.cn

社　　址：北京市海淀区气象路50号院　　邮　　编：100081

责编电话：010-82000860 转 8117　　责编邮箱：hqm@cnipr.com

发行电话：010-82000860 转 8101/8102　　发行传真：010-82000893/82005070/82000270

印　　刷：天津市银博印刷集团有限公司　　经　　销：各大网上书店、新华书店及相关专业书店

开　　本：787mm×1092mm 1/16　　总 印 张：26.5

版　　次：2012年1月第1版　　印　　次：2019年10月第5次印刷

字　　数：260千字　　印　　数：3501~4500册

全套定价：280.00元

ISBN 978-7-5130-0412-1/TS004・1075(3327)

责任编辑：黄清明
装帧设计：正典设计

ISBN 978-7-5130-0412-1

ISBN 978-7-5130-0412-1/TS004·1075
（3327）全套定价：280.00 元